快乐心理学

查斯特罗◎著

阿真◎译

台海出版社

图书在版编目（CIP）数据

快乐心理学 /（美）查斯特罗著；阿真译. —北京：
台海出版社，2015.9

　ISBN 978-7-5168-0725-5

　Ⅰ.①快… Ⅱ.①查… ②阿…Ⅲ.①心理学—通俗读物
Ⅳ.①B84-49

中国版本图书馆 CIP 数据核字（2015）第 223789 号

快乐心理学

著　　者：查斯特罗	译　　者：阿　真
责任编辑：王　艳	装帧设计：刘红刚
责任印制：蔡　旭	

出版发行：台海出版社
地　　址：北京市朝阳区劲松南路 1 号，邮政编码：100021
电　　话：010 - 64041652（发行，邮购）
传　　真：010 - 84045799（总编室）
网　　址：www. taimeng. org. cn/thcbs/default. htm
E-mail：thcbε@126. com

经　　销：全国各地新华书店
印　　刷：北京中印联印务有限公司
本书如有破损、缺页、装订错误，请与本社联系调换

开　　本：710×1000　1/16
字　　数：187 千字　　　　　　印　　张：16
版　　次：2015 年 11 月第 1 版　　印　　次：2015 年 11 月第 1 次印刷
书　　号：ISBN 978-7-5168-0725-5

定　　价：36.00 元

目录
Contents

第一章　保持快乐的秘诀 / 001

快乐的艺术 / 002

精神健康的标准 / 004

身体和精神的常态 / 006

恐惧心理 / 008

人生充满了恐惧 / 010

禁欲者和纵欲者 / 012

激烈的情绪 / 014

自由地控制自己的情绪 / 016

你的未来准备好了吗 / 019

怎样弥补心灵的遗憾 / 021

成就平淡而非凡的人生 / 024

都是情结惹的祸 / 026

培养坚韧不拔的心志 / 028

享受睡眠 / 030

在瓶子里绽放的光芒 / 033

打破抑郁的诅咒 / 035

驱除焦虑的情结 / 037

外表强硬的背后 / 039

你不能让神经过分紧张 / 041

孤独的快乐 / 043

平静的生活 / 046

不要自作聪明 / 048

第二章　打·开·心·锁 / 051

清除偏见 / 052

如果你是一个罪犯 / 055

所有人都是戏子 / 057

你为何会骂人 / 059

我为何无法做得更棒 / 062

你是个被人讨厌的人吗 / 065

别亏待自己 / 067

咖啡瘾 / 069

锻炼记忆 / 071

你是一个容易上当受骗的人吗 / 074

被人重视的满足感 / 076

摆脱自卑的阴影 / 078

奇妙的内分泌 / 080

梦境带来的烦恼 / 083

人的依赖性可以医治吗 / 086

"差不多的人"得了什么病 / 089

为自己做主 / 091

盗窃是最常见的一种不诚实行为 / 093

骗子为什么能存在 / 094

你绝对不会上当受骗吗 / 097

你很难做一个精确的证人 / 099

摆脱歇斯底里 / 101

第三章　巧用智慧的力量 / 105

夸张的习惯就像吃了兴奋剂 / 106

你的好奇心超越了恐惧感吗 / 108

行为说 / 110

观看魔术的乐趣 / 112

注意力分散 / 115

有人盯着你看，你会发现吗 / 117

情绪与工作的关联 / 119

第四章　"怪异"是一种幸福 / 125

什么是情结 / 126

在你饥肠辘辘的时候 / 128

在你疲惫不堪的时候 / 131

气候对人生的影响 / 135

笨蛋是后天形成的 / 137

搜集东西的怪习惯 / 139

心理疾病及其治疗 / 141

星期五与十三号 / 143

为何要向右走 / 145

为何你在迷路的时候会原地打圈 / 148

你可以同时做两件不同的事情吗 / 150

第五章　远离抑郁的法门 / 153

匪夷所思的失败者 / 154

治疗情结 / 156

一个桀骜不驯的女儿 / 159

对性别的敏感 / 162

如何医治神经衰弱 / 164

自卑情结 / 168

怎样处理家庭矛盾 / 170

被人诬陷酿成的悲剧 / 173

用注射的方法治疗心理病 / 176

家庭心理学 / 178

潜意识和习惯 / 181

社交恐惧症 / 183

难以克制的神经 / 187

心理问题 / 190

第六章　感受神秘的美 / 193

美丽的人也聪明吗 / 194

美丽的代价 / 196

穿着个性 / 199

红唇心理学 / 201

神奇的颜装 / 204

第七章　游戏心理学 / 207

游戏中的冒险心理 / 208

论粉丝 / 210

独行侠和好群者 / 212

网球和个性 / 214

论休养 / 216

第八章　慧眼识人和自知之明 / 221

慧眼识人 / 222

自知之明 / 224

他人是怎么看待自己的 / 226

字如其人 / 228

照片相人准确吗 / 231

英国人和美国人的谈资 / 233

第九章　职业的抉择和坚守 / 237

你适合什么职业 / 238

脑力工作和体力工作 / 240

理想的可贵就在于它可以实现 / 242

生命的缺憾 / 243

第一章

保持快乐的秘诀

快 乐 心 理 学

快乐的艺术

"世上果真存在一种快乐的艺术吗？"也许你会好奇地提出这样的问题，假如你说的艺术非常具体，就像绘两幅画、制造一辆汽车那样，又或者你说的只是一种最普通的技术，如写字、制作广告，那么，世上就不存在这种艺术。假如你说的是那种很常见的艺术，例如赚很多钱、组织一个团体，或者教训别人，那么这个答案就是你比较满意的。此外，假如你从更广义的角度来考虑，例如，处理人际关系的艺术、探索真理的艺术以及追求理想生活的艺术，那么，这个答案绝对是你满意的。

一般情况下，我们谈论的艺术家，指的是他可以凭借某种艺术过上某种生活。真正的艺术家是别人眼中的榜样，因为他可以把自己的生活当成艺术，事实上，所有人都可以学会这种艺术，保持快乐的秘诀就是这种艺术的核心。

人类未来的导师，必须采用最有效率的办法，让普通人也能拥有快乐圆满的心境。目前，这仍然是一个还没有被处理好的大问题。

如果你的理性和感情能调和你的全部身心，如果你内心觉得很自由，无牵无挂，那么，你就会很快乐。但是在日常生活中，你会碰到很多妨碍身心健康的事情，这时候，你原本快乐的心情就会受到干扰，就像一辆精疲力竭的没有汽油的汽车，缓慢地跌跌撞撞地赶到下一个加油站。

你的心情会因为你遇到的困难而变得低落，另外，无聊也是很多种烦恼之一。

正是一个又一个小烦恼，才酿成了大麻烦。例如，在大伙儿都疲惫不堪的时候，小约翰和大贞安毫无顾忌地大吵大闹，这时候，他们的妈妈也变得刻薄起来，对所有人和事都吹毛求疵，而他们的爸爸也是满腹牢骚，喋喋不休……这一家人就像刚刚历经了狂风暴雨的袭击。吃完晚饭以后，大伙儿的心情开始平静下来，小约翰依偎在妈妈的膝盖上，倾听着他最爱听的故事，他和妈妈都快乐极了；而大贞安发现爸爸正在抽烟，就开始和爸爸商量夏天去哪里玩。

假如快乐的艺术是转瞬即逝的，那么这种艺术就是有缺憾的。例如，小约翰正玩得很开心，正在帮他的那群小伙伴们建立一个俱乐部，这时候，有个比他大的孩子突然走上前来捉弄他，抢走了他的钉子，他为此就变得很不开心了，大贞安正在高高兴兴地复习自己的功课，她刚以为自己可以勉强应付考试的时候，一个大学的好朋友突然跑过来说了半天闲话，她也因此变得不开心了；他们的爸爸本来开开心心地待在自己的办公室里，却因为要等一封未知的电报而忐忑不安，另外，他考虑到打鱼的时期还没有结束，暂时也不能决定是否要去北方，所以他也变得不开心了；他们的妈妈本来在大街上高高兴兴地买东西，却因为在商店耽误了一些时间，回家的时候路上堵车了，并且她看到安夫人的车从她身边经过，却没有被邀请一起坐车回去，所以她也有些不高兴了。

如果我们可以用快乐的艺术去处理生活中的那些小事，那么，在处理很多大事的时候也会有所启发。在精神上我们不快乐，在心理上我们又浪费太多精力，但这并不是因为我们遇到的困难太大，只是因为我们在错误的地方浪费了自己的心情。火急火燎地面对工作和谨慎而冷静地面对工作，这是两种不同的工作习惯。你无法用武力驱赶烦恼，所以你必须习惯谨慎而冷静地、从容不迫地面对工作，那么，烦恼自然就会烟消云散。快乐不是靠着一种死板的标准规定和说明的，你只能自己为自己的未来去设计。这种快乐的说明不是一个路标，而是培养一个良好习惯的过程，以便更好地规划自己的未来。但这种艺术是捉摸不定的，每当你感觉自己快要抓住的时候，最后却每次都让它从你的指缝间溜走了。快乐不是由成功来衡量的，因为有很多伟大的成就从快乐的角度来看完全是失败的。在杂志封面上刊登的名人肖像，包括里面写的成功背后的故事，极少能反映出事实真相。要是你对他们背后的故事了解得一清二楚，那么，你也不愿意成为他们。

快乐只是你在追求好的生活的同时所得到的附加品。假如你害怕自己不开心，那么你肯定不会快乐。快乐只是在你做好所有工作的同时所应得的回报，例如，当你在赚钱的时候，在干家务活的时候，在结交朋友的时候，在服务公众的时候，你在做好这些工作的时候，你就得到了快乐。先天性的因素可以导致你要么很容易变得快乐，要么很难变得快乐，这些都是自身的原因，你要选择一种适合自己特殊情况的快乐。

精神健康的标准

快
乐
心
理
学

一个身强体壮的人，也许是因为他的肌肉本来就很发达，也许是因为他懂得如何去锻炼肌肉，一般来说，这两个条件他都应该具备。先天的因素可以造就强壮的肌肉，而懂得如何锻炼肌肉则是后天的因素，这两个条件才能造就一个身强体壮的人。

一个人可以很聪明，但可以不用经常去用到自己的聪明，或者说，一个人也可以很愚笨，但却可以经常去运用自己的智力，在这其中他究竟能得到多少，这一点是由他的天赋和运用智力的程度决定的。人的智力要比肌肉复杂得多，但肌肉也可以做很多匪夷所思的事，因此肌肉也可以做极其复杂的工作。

肌肉可以做有关力气、坚韧、精准、技术等工作，也可以同时做这几种工作。那些需要用肌肉来干活的人们中就包括珠宝商、铁匠、外科医生和屠夫等，但因为控制他们的神经系统不一样，所以他们所从事的职业也不一样。普通木工和细木工人都用相同的工具干活，但普通木工更倾向于做卖力气的活儿，而细木工人却更倾向于做精细接木和制形等器皿。同样，普通漆工和画油画的画家在精神上也相差十万八千里。

事实上，智力要比肌肉复杂得多。锻炼身体有助于你提高肌肉的工作技术，运用智力也能帮助你提高智力的运用能力，但两者的共同目的都是为了提高工作效率。训练智力是精神健康的一个方面，这也是精神卫生的一个方面，本质上都是为了让你的精神更自在。

精神健康是在人类心灵的运用下所得到的一种合理的生活。你的心灵的重要性要远远超过智力，比聪明或者愚蠢本身更重要，甚至比使用智力、应对困难、解决麻烦、制订计划、做决定、按部就班等都更重要。精神健康不但包括工作热情、积极上进、爱岗敬业、个人喜好和工作效率，而且还包括日常工作中的态度、秉性、喜恶以及那种让自己和别人高兴或者烦恼的原动力。健康的精神会指导你正确地使用自己的精力、避免错误、维持精神协调、避免精神疲倦、发挥特长和为人处事。

健康的精神需要去了解人类的本性。我们任何一种共性和个性都与健康的精神息息相关。一般来说，我们身体本身都有消化作用，但是同一种食物对于一些人来说是健康的食品，对另一些人而言却是毒药。健康的精神必然要重视人类个性的差别，男人和女人的差别，大人和小孩的差别，还有种族的差别，同一个种族中不同派系之间的差别。在精神训练的时候，有时候需要运用到他们之间的差别，有时候却需要去限制他们之间的差别，有时候可以让他们顺其自然地发展，有时候却需要去控制他们的发展。但无论如何，我们在利用这一点之前，必须要了解清楚才行。健康的精神首先会让你富有一种使命感，想了解怎样去设计和改善你的内心，那么你必须先学会了解你的内心。

既然我们无法选择不工作，并且还需要一份好的工作，只有这样，在生活上，我们的目标才会更坚定，职业才会更稳定，所以，心理适应能力最重要的一点是适应工作的需要。当我们适应工作的时候，就可以做到得心应手，从容不迫。此外，积极上进也是一种成功。可是，银行卡里的钱并不是决定你是否成功的唯一标准，成功的标准还应当包括你有多么快乐，你能为别人付出多少，你对他人、家庭和社会有多大的贡献，因为成功的人都有一颗自在舒适的心灵。

身体和精神的常态

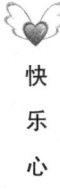

哈定（Harding）总统以前在地图上写下，或者他也曾亲口谈到"Normally（正常地）"一词，这个词以前在字典上是很罕见的，现在却很常见，已经替代了"Normality（常态）"的意思了。假如你病了，你的身体就会失常；假如你病好了，你的身体就会恢复正常，但首先要保证你的身体状况天生就是处于常态的。

然而，我们很难确定人的内心是否处于常态，原因在于某些事情对我来说是常态，但对你来说却不一定是常态。因为几乎在所有的事情上，我们都会呈现出大大小小的差异，因此，常态是在差异中对比得来的，随着我们的行为和感觉的不同，我们的呼吸和脉搏也会有所差异。但就大多数而言，大家的常态都差不多。

假设我们互相之间必然存在差异，但一定存在一种作为常态的标准来衡量这种差异。汤姆、杰瓦、哈利、你、我和其他所有人，在身高、体力、智慧、交流能力、秉性、娱乐、喜好、耐心、理想、眼界和其他所有事情上，总是避免不了各种各样的差异。在法庭审判的时候，如果我们中有人犯了罪，而其他的人却对此毫不知情，那么，犯罪的人就处于失常的状态。每个人的一生，总是需要保持精神的常态或健康——倒不是非得十全十美，而是要协调。假如，在一百个人中间，其中九十九个人都是一样的，那么可以断言，大家都没有失常，互相之间只是有一点点差别而已。

常态涉及两个因素，一是先天因素，二是后天因素。保持身体健康就是维持常态的最好办法，先天形成的常态必然会导致后天行为的常态。

总之，如果你在社会生活中和别人没有什么太大的差别，如果你的先天因素和后天发展也没有什么太大的区别，那么你就是一个正常人。

精神常态就是指心智正常、心理健康，然而，后天的影响会使这种常态更加稳定。是否处于常态，是要根据他们的年龄、种族、受教育程度、社会背景和当时的风俗习惯来判断的。一个人在小时候有自己的信仰和特别感兴趣的东西，这在两百年前的人们看来是正常的，但现在的人们却把这种事情当成是不正常的。此外，中国人所谓的常态不一定是美国人所谓的常态。

你心里所有的念头组合在一起就变成了所谓的常态，这就是为什么你去探索自己的内心无法像观察一张地图那样。任何人的一生都不可能全部属于常态，就算世界上有这样一个人，那么他也会变得毫无价值，从而不会引起他人的关注。但是世上绝大多数的工作，都是正常人在正常情况下，用正常的方法在处理正常的事情的时候完成的。

恐惧心理

在人类所有行为表现中，恐惧是一种很重要的行为表现，因此很需要认真考察一番。恐惧也是无数种复杂心理状态之一，是一个复合型的名词，首先，恐惧会让人很不踏实，其中包含一种惊吓的感觉，例如，当你突然失去了他人的扶持，当你突然放开一个婴儿的手，或者当婴儿突然摔倒在地的时候所引起的最初的恐惧。当你在一个噩梦中发现自己从很高的地方摔了下来，被吓醒后仍然会觉得心跳加速，这种情况和之前发生在婴儿身上的情况一样。我们暂时可以把这种状态称之为惊魂的感觉。每当你从一种平静的状态变成惊恐的状态时，就会产生惊魂的感觉。另外，突如其来的强音，始料未及的碰触，忽然惊醒的噩梦，都会使人产生这种感觉。

逃避、躲藏、逃亡等在我们看来是最常见的恐惧行为，然而，上文中提到的最原始的恐惧心理，却没有产生这种行为。只要是性命攸关的事情，都会干扰到你平静的心情，从而让你觉得惊恐不安，变得恐惧起来。当你行走在悬崖上，当你从高空中向下眺望，或者当你在薄薄的冰面上滑行，你就会无时无刻不在担心自己的安危，害怕自己掉下去，当

你看见楼顶上或者旗杆上的工人的时候，你也会产生惊恐的感觉，只是你自己不想去深入想象而已。虽然这种恐惧已经远远不如婴儿所产生的那种原始的恐惧那样让人害怕，但都是从那种原始恐惧发展而来的。

从心理本质的角度来看，人会变得越来越恐惧。黑暗和孤独都会让人不安。夜晚来临的时候，小孩必须在妈妈的陪伴下，看见明亮的灯光才不至于陷入恐惧。当我们生病的时候，或者神经衰竭的时候，胆子就更小。很多人在面对危险的时候特别敏感，他必须具备极大的勇气，才能不再那么恐惧。还有一些人经过铁桥的时候，也必须鼓足勇气，即使桥下面还有路，或者桥下面是水。

极力去逃避一种不开心的感觉，其实也是一种恐惧。曾经有很多人只需要让一个小虫子从手臂上爬过去，就觉得自己像个大英雄那么勇敢了。事实上，不会有人真正害怕那种不会带来危险的小动物。还有一些人看到虱子或者油虫爬来爬去，就受不了了，这样的恐惧一部分是源于厌恶。正如你并不会害怕一个烂苹果，可是你不想看见烂苹果，这和你不想看见毛毛虫和油虫的心理活动是一样的　　只是会走动的小动物带来的危险会让人更怕一点而已。同样，你也不想去碰触冰凉的东西，例如，当你摸到蛇的时候，也往往会突然吓得缩手缩脚。厌恶性地回避，以及碰触性地退缩，就是导致恐惧的原因之一，例如，害怕老鼠本身也带着一些害怕被伤害的心理。

最让人恐惧的东西本身带有恐怖的因素，这种恐惧是源于实实在在的有形物体。例如，动物园里被铁门关着的庞大而又充满野性的狮子会让小孩害怕，特别是在狮子怒吼之时，这种恐惧是因为害怕遭到狮子的攻击。例如，害怕去看牙医却是一种真真切切的恐惧感，因为当你沉浸在痛苦的想象中的时候，比起你真正感受到的痛苦要更令人恐惧。每当你沉浸在恐惧的想象中的时候，恐惧就会永远存在。例如，你害怕被人抢劫，你害怕患上传染病，你害怕看不见的鬼魂，你害怕做生意血本无归，你害怕所有的事情，连天气不好，你也会害怕（尽管坏天气不会给你带来任何危险，反而因为你自己的恐惧，打乱了你舒适的心情和生活计划，因此你不希望出现坏天气）。所以，你的一生就是在这样的恐惧和希望中活着。

然而，你最应该担心是你自己最害怕的事情。你害怕身败名裂，你害怕考试没通过，你害怕得到的爱再度失去，你害怕胜利的战争果实被人夺取，你害怕交朋结友，你害怕赚钱养家糊口。人的一生就是一次探险，你害怕一生就要走到尽头，于是产生了这种复杂的情绪。

人生充满了恐惧

人类被创造出来，这是一件多么可怕、多么奇特、多么复杂的事情，这一点既令人恐惧又令人崇敬。然而，人类也会因为自己所有复杂的结构而感到恐惧不安，简单地说，人生充满了恐惧。恐惧在人性中已经根深蒂固，它可以使你避免危险，可以保护你。恐惧感会干扰平静的人生，恐惧症是一种没有分寸的失常的恐惧，然而，我们不能把这种恐惧感和极度厌恶感混淆在一起，例如，有些人看到一些特别的东西，或者闻到了一种特别的气味，就会觉得恶心难耐，但是，当他们看到蛇，或者某些特殊的人看到猫和狗的时候，会同时产生恐惧和厌恶的感觉。不过，为何像老鼠那么温柔的小动物也会令人恐惧（喜欢开玩笑的画家会觉得只有女人会害怕看见老鼠）呢？还有为何蝙蝠的名声那么差，甚至在神话中，它都被描写成吸血鬼，这一点我们都无法理解。我们害怕动物，害怕电闪雷鸣，害怕茫茫黑夜，我们的祖先甚至害怕空谷回音，等等——尽管这些恐惧心理都很常见，然而，在身体上产生的恐惧感比这种心理上的恐惧感更为常见。其中，身体上最常见的恐惧感，就是害怕跌倒。

当你行走在木架上，当你从小溪之上的木板桥上经过，当你站在悬崖上，你马上就会产生这种恐惧感，这就是常见的失衡感，或者说，这是对失去重心的恐惧。你站在越高的地方，你的恐惧也会随之增加。当你遇到危险的时候，你的注意力会瞬间集中起来，那么，你会陷入极度的恐惧之中。此时此刻，你的思想会变得很冲动，会很害怕自己从高处或者从铁架子上摔下来。

此外，还有两种很常见的恐惧症，一种恐惧是当你被人囚禁而又毫无希望逃走的时候，另一种恐惧是当你四处漂泊、无家可归的时候。这种恐惧也许是因为你被囚禁在幽暗之中，也许是因为你坐在车厢中的某个位子上，也许是因为你距离出口很远。此外，某些人还害怕横穿马路，只能沿着马路的一边拐着弯过去。

人类无法避免恐惧症和想象中的恐惧。然而，现代的土木工人竟然敢于在那么危险的高桥上和耸入云霄的建筑物上从容不迫地工作，这是因为后天训练的结果，而不是因为他们天生就不会害怕。

那些为恐惧心理而烦恼不堪的人们应该清楚一点，世界上不仅仅是他们有这种烦恼，而是所有人都有这种烦恼，只是他们忍受的痛苦大一点罢了。某些人会因此产生头晕或者腹痛的感觉，大多数人的恐惧其实只是心理作用罢了。如果他们不想继续忍受这种痛苦的感觉，就需要通过心理治疗来实现。这种办法是可以达到预期目的的，只是渐渐地加强他们控制情绪的能力，缓解痛苦的感觉，此后才能培养出强大的自信心，相信自己绝对可以克服恐惧心理。伤害最大的恐惧症会使患者偏离正常的生活轨道，因为这种恐惧症是和其他的神经系统紧密相连的。

禁欲者和纵欲者

人生既有纵欲也有禁欲，但纵欲或者禁欲并不是问题的关键，关键是如何进行选择的问题。

纵欲和禁欲之间产生的冲突是人生最大的矛盾，生活是否自由或快乐的原因都在于此。自由最重要的一点在于按自己的意愿去生活。然而，过分的自由就沦为纵欲，而且，假如肆无忌惮地放纵人性中的欲望，那么人们就会变成野蛮人，失去正常的生活轨道，从而变成所有事物的破坏者。

只有刚刚出生不久的婴儿的行为不需要进行控制，除此之外的所有人的行为都会受到限制，因为人类受到的所有训练都会产生约束力，所以在禁欲和纵欲的过程中就产生了矛盾。小孩需要长时间的休息，可是他却不愿意去休息，反而很爱玩。恐惧和好奇同样是充满矛盾的心理，儿童喜欢新事物，却又怕那些奇奇怪怪的东西，这种矛盾特别突出。一个孩子渴望得到另一个孩子的玩具，可是却不敢去抢来自己玩。

社会给予人的限制是最大的，社会往往有很多禁条规定："这件事你不能做，那件事你也不能做。"人是具有社会属性的动物，因此，随着我们的成长，各种各样的社会束缚也会越来越多。我们讨厌被人嘲笑，也不喜欢被人苛责，我们有很多想做的事情，却因为害羞没有去做，社会

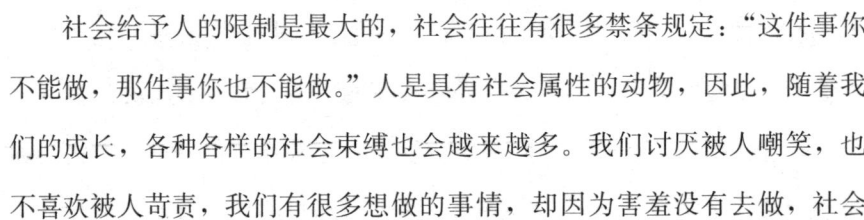

快
乐
心
理
学

的束缚无处不在。如果我们经常受到压抑，我们就会很难受，很伤心，甚至会激起反抗心理。然而，假如我们为所欲为，我们就会成为社会的破坏者，成为没有头脑的野蛮人。

当矛盾变得越来越大的时候，当涉及的相关人员越来越多的时候，当情况变得越来越复杂的时候，我们就能明白，假如社会不给我们施加任何束缚和约束，后果不堪设想。那样的话，禁欲和纵欲之间的矛盾就会变得越来越大。弗洛伊德就曾经用这种矛盾来说明人们在心理结构上存在的很多问题。梦境就体现了被禁止的欲望，意念是因为过分禁欲产生的，因为那些没有被解决掉的矛盾会引起神经方面的疾病。弗洛伊德觉得，人生中有很多大的意外，都是因为人类最大的冲动——性欲——备受压抑而产生的，人们在性欲的问题上，要么极度压抑，要么为所欲为，两者产生的后果都是不堪设想的。道德和社会都会使人受到影响，在某一方面的过分禁欲会使人在另一方面变得过分纵欲。假如车轮和铁轨之间没有阻力，那么车子就无法停止；然而，假如阻力过大，使得车轮被迫停止运作，那么车子也不能自由前进。如果我们过于遵循习俗，就会失去自我，并湮没自己的个性；如果我们过于抵制习俗，恣意妄为，就会和身边所有人产生矛盾，就无法做好任何事情。

然而，很清楚的一点是：除非是刚刚出生不久的婴孩，或者是那些心理有问题的人才会为所欲为，肆无忌惮，他们是彻头彻尾的情绪控。而其他人想在任何情况下都能信口开河，这几乎是不可能的事情。

所以，世界上所有的事情都需要一种恰如其分的约束。大致而言，人有两种类型，一是纵欲者（这种人基本都很轻浮、爱与人争执、举止粗俗、情绪冲动、心智低下、喜欢浮夸、恣意妄为、意气用事）；二是禁欲者（这种人胆子都很小、寡言少语、羞羞答答、俯首听命、胆小怕事、小心翼翼、优柔寡断、喜怒不形于色）。那些生活压抑的客人总能被口若悬河的商家忽悠去买那些自己可有可无的东西。伶牙俐齿而又放诞不羁的人总能劝说或者胁迫那些寡言少语而又胆小怕事的人，原因在于他们根本没有能力去抵制这种侵犯。

然而，人性并非是这么直截了当的。往往在你想说某句话的时候，想做某件事情的时候，你却说不出来，也做不出来，你害怕自己把事情弄砸，害怕自己做得太过分，也害怕被别人误会。即使你的动机是好的，但却没有把事情做好，因此，你就慢慢地形成了这种心理惯性。

人类的这两种性格的差别无处不在，却又极为重要，如果我们用两个简练的名词——纵欲者和禁欲者——来概括，那么，你是纵欲者，还是禁欲者呢？

激烈的情绪

究竟是什么力量在推动这个世界前进呢？

有人认为，是金钱在推动世界，事实上，金钱并不能推动世界，对金钱的追逐也不能推动世界，所有平凡的爱更不能推动世界，只有人类的情绪在推动着这一切。我们活着，是为了我们最热爱的人或事物，我们热爱什么，我们就拥有什么样的生活。某些情感可以让我们变得更加快乐，还有一些情感会给我们带来烦恼。无论是快乐，还是烦恼，都是我们所需要的，这样快乐和烦恼就可以相互抵消。

首先，我们最关心的当然是自己的生命，只要遇到了生命危险，我们就会惶恐不安。其次，我们对自己的恐惧心理也很敏感，我们害怕生

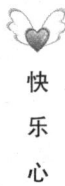

病，害怕难受，无论是生病或者难受都会给生命带来伤害，也会影响到我们原有的欢乐、自由和安全感。在风平浪静、事事如意的时候，我们一般都很平静，高兴的时候不会兴奋过度，悲伤的时候也不会过分忧郁。然而，如果突发意外，我们的情绪就会变得很冲动。

战争给人带来的恐惧就是这样，因此我们时刻都提心吊胆地活着，这种恐惧也许是因为自己身处险境，也许是因为担心那些身处险境的人，这就是最激烈的情绪——害怕危险的降临。我们日常所说的战争给人带来的震撼，实际上就是因为受到了惊吓的缘故。也许，直到今天，人们内心深处仍未摆脱二战的阴影。

当我们惊慌失措的时候，我们的内心就产生了矛盾——激烈而又混乱的矛盾。个人责任感和为国家战斗的心理产生冲突，杀人和被人杀的心理产生冲突，而这种内心深处的斗争，比战场上用武力厮杀的斗争来得更加激烈。原因在于这种自我分裂产生的矛盾，一旦遇到某种强烈的情绪达到高潮的时候，我们就会变得脆弱不堪、茫然无措了。

在身边最亲的人与世长辞的时候，我们会痛彻心扉，这种痛苦真是苦不堪言，一方面，我们希望再次拥有过去的一切，另一方面，我们无法填补现在的空虚，而这两个方面存在着不可调和的矛盾。

热恋是一种激烈的情绪，热恋之后的失恋所带来的悲伤让人很无奈。在敏感的人眼里，后悔、羞耻、宗教信仰和负罪感都是一种激烈的情绪。

以上所有情况都是因为对过去的缅怀和对未来的茫然。在情绪最冲动的时候，我们就会愤怒，愤怒是最冲动的情绪，因为它失去了控制，陷入了疯狂之中。这种情绪非常极端，使人咬牙切齿地埋怨，使人不惜以犯法为代价，也要去发泄自己的愤怒。然而，我们只能出于一种正直的愤怒，让那些为达目的不择手段的坏人落入法网。有时候，情绪高涨是发生在集体中的，激情澎湃就是这样，例如，普通人的爱国心理、争强好胜的心理以及喜庆心理等。1918 年那场大战结束后，我们胜利归来，过去那些备受压抑的激烈的情绪瞬间爆发了，人们疯狂地欢庆着，恐怕这种情绪的爆发，我们到现在仍然难以忘怀。除此之外，还有一种激烈的情绪是用来表达怜悯和崇敬的，例如，当林白大佐从大西洋回来的时候，我们疯狂地迎接他的到来。所有的这一切都显得如此惊心动魄，例如，遇到危险的时候会受到惊吓，打了胜仗的时候会感到兴奋异常，谈恋爱会觉得很幸福，崇拜一个人的时候会觉得很神奇。

如果我们没有体验过激烈的情绪，我们的生活就会显得太平庸了，以致我们无法参与任何浪漫的危险的英雄的事业。尽管我们追求稳定的日常生活，然而，有时候我们的情绪也会变得很激动，甚至达到高潮，那么就可以体验到惊心动魄的感觉。

某些我们无法直接去体验的事物，就只能用别的事物来替代了，例如，小说中或者舞台上和屏幕上发生的那些惊心动魄的故事，这种故事可以使人的情绪变得冲动，因而也就是真实存在的有意义的故事。然而，我们在这方面不能太过纵欲，那就符合心理健康的需要了。我们必然要经常用到我们的情感，与此同时，我们还要有所节制地使用我们的情感。一般情况下，我们随时都会用到自己的感情，而在特殊情况下，这种感情可以达到高潮，并且异常兴奋。

自由地控制自己的情绪

我曾经在一本心理学方面的书上看到过这样一句话，如果我们不能自由地控制自己的情绪，我们就无法过上幸福美好的生活。后来，我又在另外一本心理学书上看到了相反的言论，书上说，如果我们可以自由地控制自己的情绪，那就证明我们的神经系统出了问题。到底哪本书所说的理论才是真理呢？反正我不会再相信其中的任何一本书了。

——愤怒的读者

这个愤怒的读者最后说出了自己的质疑，实际上也说明了他的愤怒是合情合理的。合理的办法就是不能太极端，无论相信哪一本书，都要控制在合理范围内。

纵欲和禁欲的矛盾早在人们刚刚出生的时候就已经出现了。人的天性中首要的东西就是冲动，冲动的背后还有一种更强大的动力，以至于每次都会导致破坏性的毫无价值的结果。婴孩的全部生活是由无数种冲动构成的，成年人的全部生活却是由无数种习惯构成的。

孩子的天性总是过了冲动，这是他们的特殊需求，这种需要应该受到约束，而且应该尽早约束，并付诸实践。孩子天生就很容易害怕，他们爱发脾气，爱自由自在地嬉戏玩乐，喜欢打破东西，喜欢吵架并欺负比自己小的孩子，喜欢反驳别人等，这些都必须受到大人的管束。

而管束的步骤必须要合理。一个小孩要是被过分地管束，他就会对惩罚产生恐惧心理，这将破坏他原本的天真快乐，必然导致他变成一个死气沉沉的可怜虫。根据孩子好动的特点，我们应该给他们设计一条合情合理的道路。要求孩子去做他们能力范围之外的事情，这不是一种合理的管束方式，例如，禁止他们走动，让他们静坐很长时间，这些都是不合理的。我们应该给他们足够的时间去闹腾，去和同龄人玩粗浅的游戏，或者去做别的自己喜欢做的事情，只要不出格就行。对于他们身上存在的胆小、易怒、自私等缺点，我们应该对他们进行引导和教育，并减少对他们的诱惑。

大人在情感方面的自我约束，和小孩比起来并没有多大区别。只是大人受到的约束相对繁杂一些罢了，当然，大人的自控能力相对要强一些。如果你的性格冲动，兴奋难耐，易于暴怒，你就应该想办法去控制好这种感情，逐渐地让自己变得越来越温和，越来越稳重。如果你经常待人野蛮、骄傲自大、瞧不起人、自私自利，如果你遇到了困难就喜欢发脾气，发牢骚，或者闷闷不乐，或者选择逃避，那么，你就应该把握好自我约束的分寸，并且付诸实践。

很多人都曾想过这样的问题，那就是极度饥渴的性冲动是否应该被约束。以上所述对这一点也是适合的。孩子有权利去享受自由自在的幸福生活，年轻人也有权利去谈恋爱，只是他们都必须要按规律办事。所有平凡的人们从小到大都需要感情，既需要被爱，也需要爱——如来自孩子的爱、爸妈的爱、朋友的爱和情人的爱等。没有感情的生活对人自身没有什么好处，极少有人会去过那样的生活，而且也不应该过那样的生活。这是因为，那样的生活会让人不开心、不健康，会导致精神疾病，而且无法与人友好相处，乃至使人产生变态的心理。过度的约束是毫无益处的，无论这种约束是来自风土民俗（情况往往是这样），还是来自自身的过分放荡不羁，不愿意妥协，还是来自周围的环境让你无法顺畅地表达自己的感情。

有人喜欢养猫、养狗，这不仅仅是为了打发时光，也是为了有一个对象可以表达自己的情感。人类特别需要有一个可以爱抚的对象，而那些猫、狗、金丝雀和金鱼等，都可以满足人类在这方面的需要。也许，我们可以断言，那些非常快乐的人们已经找到了很多可以供自己表达情感的东西，所以他们就不需要小动物来满足这方面的需求。然而，对于一个情感特别充沛的人来说，他需要更多的方式来表达自己各种各样的情感，例如，小孩子就特别喜欢小动物。

青少年的感情最为激烈，因此总是很容易就变得纵欲无度。越是冲动，也就越难以控制。极力纵欲或者极端禁欲，都会带来危险。变得快乐的办法就是在生命中的各个阶段都能让自己的情感顺其自然地表达出来，否则，所有封闭的情感聚积在一起，又因为太过压抑，要是崩溃了，就会像沸腾的泉水涌洒而来，后果不堪设想。

我们需要表达自己的情感，至于表达的方式是否恰当，那就取决于我们是否有足够的聪明才智了。怎样去表达各种各样的情感，这一点无法明确地规定，有些情绪是应该节制的，还有一些情绪是需要充分表达的。现在最重要的问题是，怎样去控制那些人生中关系最密切的情绪和最基本的情绪。约束就是一张一弛，一收一放，而什么时候应该约束，什么时候应该松弛，这都取决于你自己。

你的未来准备好了吗

你有储备的力量吗？也许你可以把自己的汽车加满汽油，那么，别的生活必需品呢？你有时间去准备好这一切吗？

储备是一件很重要的事情，我们不但要准备日常生活的必需品，例如，保持营养充足、睡眠良好、工作精力旺盛等，我们还需要储备更多的精力，以便随时可以使用。

身体自身就具备储备精力的能力，也就是我们日常提到的"重新振作起来"。在你疲惫不堪的时候，只要你咬咬牙，不停地工作，很快你就会获得一种全新的力量，也就是说，你正在使用身体自身储备的力量。实验室里专门用来测量疲倦感的器械可以证实存在这种重新振作起来的力量，这种力量是在我们的神经系统里储备下来的。

储备是我们用来处理突发性事件的计划方案，也可以用来控制情绪，情绪也会激发你过去储备的力量。谨小慎微的人往往会低头看自己脚下的路，但是我们到了电梯以及地下通道的时候，还应该看到写着"注意"两个字的指示牌。如果你的确遇到了危险，你马上就会变得恐惧起来、警惕起来，恐惧心理也可以激发你以前储备的力量。发生火灾的时候，人可以从火灾现场逃出来，还可以一边背着很重的包裹，一边从墙上爬出来，在正常情况下，这一点是一般人做不到的事情。狂喜也能激发人以往储备的力量。观看球赛的人们和前来助威的团队可以激发球员储备的力量，特别是在比赛难分高低的时候，球员们的情绪会更加激动。一个跑步的运动员如果能在日常生活中管好自己，储备足够的力量，那么他往往可以在最关键的时刻赢得冠军。

我们身上平常总有一些暂时用不到的力量储存下来，只是让这种力量自然而然地储存下来罢了。曾经有一个关于丝袜的广告词说："各位小姐，再买几双备用吧！以免袜子破了带来惊慌！"神奇的大自然给我们准备了可以保障安全的多余的力量，这种力量就像我们的房梁所能承受的力量是在最大限制范围内的。明智的人会在筋疲力尽之前就不再行动，而是留着身上最后储备的那点力量。你应该留下一点精力，趁着还没有完全垮掉之前。放假是个不错的办法，可以让你储存更多的精力。另外，像骑马、玩乐、检查工作中的漏洞等，也会让你储存更多的精力。

总体来说，我们一定要把精力的使用控制在合理的范围内，随时关注我们还剩下多少精力，否则当我们碰到突发意外的时候，就可能打破常规，变得极其冲动。如果我们能形成一种储备精力的习惯，那么我们就可以轻轻松松地处理好突发意外。例如，在某些事情上，我们会竭尽全力去设计一个新的方案，或者参加一场竞赛，或者处理某件事情等，有时候，你真的没有时间停下来思考一下，休息一下，这时，一切都需要你之前储备的那些精力来发挥作用。原因在于突发意外的时候，你能够做的事情就是来自你储备的那些力量。如果世上不存在这种人，那么人类根本无法获得高速发展。

对于我们的情绪，情况也是一样的。在危急关头，例如，在战争爆发的时候，我们一定要鼓励人们斗志昂扬地去战斗。在日常生活中，人们储备的那种愤怒的力量，在战场上就有了用武之地。国家危机使人们的愤怒得到正当的发泄，让那些有能力的人都聚集起来为他们的国家贡献自己日常储备的力量。发生大地震和火灾的时候，因为恐惧而产生的逃避危险的心理，也能激发人类自身储备的力量，从而可以全力去参与救灾灭火行动。要是一个人知道该怎样储备力量并合理地运用，这是一件值得他人崇敬的事情，对于国家而言，也是同样的道理。

怎样弥补心灵的遗憾

我在城里的一条大街上四处游荡，我看见很多耸入云霄的高楼大厦，在这些高楼大厦之间还有一些又矮又破的小房子，其中有一家木材店的玻璃窗坏了，他们就用一块长方形木板去修补坏掉的玻璃窗，还有一家锡店的玻璃窗也坏了，他们就用锡来修补坏掉的玻璃窗，而另一家鞋店的玻璃窗坏了，他们就用一块皮质物来修补坏掉的玻璃窗。

我们弥补心灵的遗憾的时候，也会采用同样的办法，即用现有的材料去弥补。就像修补玻璃窗一样，我们弥补心灵的遗憾也是为了不受风吹雨打，只不过我们会按照一般的习惯去处理这个问题。

例如，在很久以前，人们经常可以看到河边的水车，同样是在同一条河里利用水车发动水力，但有些人用水车来磨面粉，还有一些人用水车来织布，另有一些人用水车来造纸。因为那些水车是用不同材质以不同结构造成的，因此可以生产不同的生活用品。然而，最复杂的机器恰恰是我们自己的心灵，与此同时，我们还有自己的磨坊，并且每天都是自己磨坊里的工人。

假定不同的六个人看到同样的风景会有不同的表现，通过这个例子，我们就可以理解其中的道理。当第一个人看到这片风景的时候，他会认为这块地盘可以建房子，所以就去询问这块地的单价，原因在于他的身份是一个地产商；当第二个人看到同样的风景，他会觉得那是一幅画，原因在于他是一个热爱大自然的旅行者，或者他的身份是一个艺术家；当第三个人看到同样的风景，他会到处找寻在冰川时代或者岩石时代留下的蛛丝马迹，原因在于他的身份是一个地质学家；第四个人看到了同样的风景，他会去探测那里的地形，并关注山的坡度，原因在于他的身份是一个修路工，或者他是一个修建铁路的工程师；第五个人看到同样的风景，他会去观察土质，考虑应该在地上种什么农作物，原因在于他的身份是一个农民；第六个人看到了这片风景，他在想是否能在这里建一所环境很好的私宅，原因在于他的身份是一个疲惫的商人，现在只希望有个安静的地方颐养天年，住处附近最好是有小溪可以垂钓。

他们在看同样的风景的时候用的也是同样的眼睛，然而，他们却并非用同样的心灵去看，他们眼中的风景全部都夹杂着个人的想法，于是就看见了自己真正要看的东西。你能从过去的经历收获什么，那就看你肚子里装着什么，假如你无法改变他们肚子里装的经验，你也就无法改变他们的观念。

所以，仅仅从表面上来看，那六个人站在同一个位置，去看同一个地方的风景，他们的动作一模一样。当他们走近去看的时候，如果你不去问他们，你就永远不知道他们心里到底在想什么。只有在听了他们的回答之后，你才会知道，原来他们眼睛看到的和心里想到的竟然会有那么大的差别。大城市和小村庄之间产生的差别也是同样的道理，人们在所有事情上产生的差别也是这个道理。不同的人，对于不同的无常的事物都必须做出自己的选择，而不必去顾虑别的一切。城里总有无数的人像鸟住在自己的鸟窝里，他们住在耸入云霄的人厦里，但是，你只有在接触大自然的时候，感受到和谐圆满的时候，才会意识到原来在城里自己只是孤零零的一个人，这时候就会感到孤独和寂寞。

生活是由一大堆自己感兴趣的事物组成的，你应该使你的心灵变成自己的好朋友。当你结束一天的工作以后，你会怎样打发自己的闲暇时光呢？你有什么兴趣和爱好吗？如果你无法工作，也无法去参加自己喜欢的工作，如果你放假一个星期都必须躺着创作，或者外面正下着倾盆大雨，这时候你的内心世界会有什么有趣的想法呢？世界的一切在你的眼前打开，你将怎样填充自己的心灵之窗呢？这一点非常重要，这是我们灵魂的安居之所。我们应该有一些平常的健康的爱好，做自己感兴趣的事情才会真正快乐起来。

成就平淡而非凡的人生

斯达登教授曾经专门研究过愤怒，他认为愤怒是人性的体现。就像别的心理学家在研究关于天才和犯罪的学问那样，他对于愤怒也有自己的劝诫，以下内容就是我们选出来的一些戒条。

首先，你应当对自己的愤怒有所节制。原因在于愤怒是你体内储备的一种力量，是用来应付突发意外的。你发脾气是因为你觉得这件事情对你来说问题很大，是你平常的力量所无法应付的，于是你就把自己的愤怒浪费在一些鸡毛蒜皮的小事上。

其次，在你疲惫不堪、忍饥挨饿、倒霉透顶、垂垂老矣的时候，你要避免去抵制那种突如其来的愤怒。你要考虑到他人也会犯同样的错误，特别是小孩子最喜欢发脾气，这也是家庭战争的导火线。对于这个问题，我们应该严加提防，避免愤怒就要像避免踩到火线一样警惕。经常保持态度温和，身处安宁的环境，这对自身是有百利而无　害的。每当自己或者他人快要暴跳如雷的时候，你要习惯性地用一颗从容不迫的心去面对，控制这种愤怒，最好在还没有发脾气之前就在心里先默念十次。假如毫不思量，任性地说一些粗俗骂人的话，就会很容易形成一种爱发脾气的习性。但是，暗自咒骂一个人有时候也可以当成一种保护膜，就像狗发了疯的叫声其实比被狗真正咬一口的感觉更让人害怕。

再次，当你对某件事情很生气的时候，生气到一定程度，就应该适可而止。假如你让别人给你让路，那么你自己就应该先给别人让路。假如某件事情已经结束了，那么你就应该马上恢复原来的心境，绝对不可以继续沉浸在过去的想象和刺激中，事情结束了，就应该马上忘掉。

再次，恰如其分的愤怒应该是绝对中立的，因为你内心有愧，对不起他人，所以你觉得愤怒，只不过是这里所说的他人也包括自己在内。然而，这种愤怒并不寻常，也不容易发生，这种愤怒是发生在有意义的事情上，于公于私都可以，也可以让生命变得更有热情，更受鼓舞，因为这种愤怒的动机是理性的，也是有意义的，这其中也包括个人的动机，以及公平、正直和善意，这些都是你发脾气的时候必须要顾及的。

最后，一定要记住，你发脾气的时候，也会引起他人的脾气。发脾气是需要冒一定风险的，因为你的脾气会造成你和他人之间的间隙。发脾气的坏处在于它会毁掉你们的友情和怜惜，而友情和怜惜是能够约束你的脾气的。愤怒和偏见都会导致对公正和怜悯的错误判断，而温和和理性的心态却可以约束自己的脾气。

这些关于愤怒的戒条有一个共同点，即都是和个人有关，原因在于这一点对很多人来说，都是一个很严重很实在的问题。严重的矛盾冲突以及有组织有纪律的矛盾冲突都是源于这种愤怒的心理状态。你怎样看待普通民众，或者你怎样看待工作上的人际关系，这一点从你怎样处理自己的事情上可以看出来。愤怒既害了自己，也害了大家。不过把这种情绪控制在合理范围之内，适当的发泄也是有益处的。至于怎样控制在合理范围内，那就需要我们保持友善和理性的态度，并时刻警惕起来，然后才能相安无事。斯达登教授提议说，如果我们可以用一个小本子把发脾气的经过都记录下来，并且详细地记下每次发脾气的原因和真相，过一段时间再拿出来看，那时候你肯定会感到惭愧，或者觉得自己为了一点鸡毛蒜皮的事情发脾气，简直太可笑了，那么在往后的日子里，你发脾气的次数就会越来越少，并且会变得越来越有意义。虽然记下这些事情会比较麻烦，但你会发现，这种约束脾气的办法一般都很管用。

发脾气往往要消耗很多精力，这一点和恐惧心理截然不同，原因在于恐惧心理往往进行得极为缓慢，在恐惧情绪还没有发泄出来之前就已经存在很长时间了，但愤怒却是突如其来，以迅雷不及掩耳之势发生的。虽然平息愤怒也用不了多久，然而，短暂的愤怒在反复思虑之后，就可以转变成为一种郁积已久的怨恨。怨恨就是在发完脾气之后留下的痕迹，会一代一代地传承下来，就像封建社会的思想那样根深蒂固。偏见就是一种变相的愤怒，一旦愤怒的情绪传播开来，就会引发社会的动乱。人类应该学会去接受他人的意见，而不是引发愤怒情绪传播的危险。每个人如果都能在处理个人事情的时候控制好自己的脾气，那么就不会头脑发热，冲动地去参与某些人组织的暴乱，暴乱行为归根结底是由一些凡夫俗子平常惯于放任自流造成的。

都是情结惹的祸

情结是一种复杂的病态的心理，这种心理足以造成一场灾难。使用"情结"这个词来描述这种心理非常准确。我们所说的情结，无论病得是否严重，大多数情况下总是倾向于情感状态的。就算病得很轻，也有可能影响到人们舒适的精神状态。而那些病入膏肓的心理情结呢，如果影响到了人们获取日常生活中的必需品，那么就会毁掉人的一生。

所有人都会产生恐惧心理，如果我们对某些事物的恐惧心理远远超出了事物本身带来的危险，那么我们就变成了这种恐惧心理的奴隶，这种心理破坏了我们的观念，打乱了我们的心绪，那么这种恐惧心理就称为恐惧情结。失去理性的极度恐惧的情结基本上都是一样的。每当我们行走在木架上的时候，会觉得特别害怕，然而，真正走过以后，又会变得特别平静，再也不用害怕，那么这种恐惧心理就不包括恐惧情结。如果我们对封闭的空间和荒芜一人的旷野产生了恐惧心理，并且整个一生都在想方设法避免遇到这种情况，那么我们的行为举止就受到了恐惧心理的严重影响。如果我们不敢离乡背井，那么我们就会失去很多自由自在生活的机会，这种恐惧心理基本上就接近于恐惧情结了。忧心忡忡的人的小心谨慎其实只是多此一举。如果某个人担心被传染某种疾病，就要费心劳神地去检查所有的事物，还去吃各种各样的药物，身体稍微有点不舒服，就要赖在床上不起床，那么就可以说，他的行为举止不正常，对于健康问题多少有一些恐惧情结。

以上各种情况都是关于个人情结的，这种情结是源于内心深处的矛盾。一方面，我想怎么做，或者我明白该怎么做；但另一方面，因为恐惧心理或者在权衡利弊的情况下，我只能身不由己地去做，这两个方面产生了矛盾，这种矛盾使我不得自由。如果我的内心很矛盾，而且这种矛盾特别突出，特别危险，那就会造成灾难。如果这种情况传播到社会的方方面面，以至于危及他人，并与他人产生矛盾，那就造成一场精神的灾难。

对社会产生的情结是所有情结中影响力最大的，说得简单一点，即反社会情结。如果我有疑神疑鬼的情结，就会觉得别人都把我当成仇人，从别人的神情、语言、态度方面去搜寻仇恨的蛛丝马迹，这样一来，我就生活在一个变态的世界里不能自拔了。每个人的性格都不一样，因而在仇视情结方面也会有不一样的体现。如果我疑神疑鬼，缩头缩尾，那么我就不愿意和身边的人打交道；如果我对女性有偏见，那么我就会变成一个女性仇视者；如果我易于焦虑，我就是一个喜欢吵架并无法与人和谐相处的人。那么，我就会慢慢地养成一种带有反抗性的仇视情结，或者，我会变得飞扬跋扈，不可一世。

最可能造成灾难的是反社会的情结，特别是在我们和身边亲近的人关系发生异常的时候。例如，母子关系，父女关系，夫妻关系，人一生中的成功和失败的关系，人在社会所处的地位高低的关系，这些都很可能是萌生灾难的土壤。原因在于这些关系互相之间都需要恰当的调和，如果其中任何一种关系发生异常，那就会危及其他各种关系的正常发展。人们互相之间的矛盾会给精神带来痛苦，而情结就是酿成矛盾和痛苦的罪魁祸首，社会因素只是造成痛苦的导火线罢了。

假如我们没有这样或那样的情结，无论是我们自身产生的矛盾，还是同他人产生了矛盾，即使是很严重的矛盾，也可以逐渐地解决这种矛盾。那么，在很多重要的人际关系中，我们都能保持温和的心态，应对自如。由自身性格产生的矛盾比任何外界带来的矛盾更为严重。好像只有夫妇关系不协调、亲子关系不好、个人在事业上的不如意、郁闷、畏首畏尾、孤独难耐等会造成痛苦，然而真正使人们痛苦的原因是自身性格和社会现实的矛盾。负面情绪会导致人们在进行很多重要行动的时候发挥失常，从而造成心灵的痛苦。

培养坚韧不拔的心志

坚韧的心志必须具备三个条件，即精力、恒心和动向。只有精力是远远不够的，例如，在孩子发脾气的时候，在大人愤怒的时候，他们都是精力旺盛的。恒心比精力更重要，因为恒心可以让人持续不懈地做一件事情，但这种恒心并不仅仅是固执，固执只是倔强，而非坚韧的心志。

持续地坚韧不拔地前进的人是不会畏惧任何困难的，这不是冥顽不灵，尽管冥顽不灵的人看起来也有一些坚韧不拔。坚定指的是用理性而不是盲目的态度去做一个清醒的决定。人要是太过于顽固，那么他就会变成一个独裁者。

恒心就是要在现有的工作中安分守己、踏踏实实、百折不挠、越挫越勇地干下去，并运用好的办法，一步一步地达成目的，而且所有的力量都要合理地利用起来，既不能任意妄为，也不能懒懒散散，更不能徒劳无功。想要获得这种心志，首先一定要养成好习惯，在思想、行为和感受等方面都必须时刻保持既准确又迅速的工作状态，就像一群受过严格训练的员工在接受主管的安排。

动向就是有一个明明白白正正当当的目标，这并非意味着目标绝对是好的，因为好的目标也可能变坏，人的能力既可以用来进行破坏，也可以用来进行建设，既可以变得毫无意义，也可以用来实现伟大的目的。

人的全部人格并不是用心志来衡量的，还必须考察其动机的善恶，但一个动机又是由另一个动机决定的。人的情感是冲动的源泉，你感觉到了什么，你就会重点关注什么，而你关注什么，这取决于你潜意识中的情感和选择。

坚定地工作，这并不仅仅是指用坚定的意志去工作，而是指在坚定地工作的同时，还需要用到管理方面的知识。

尽力而为当然是指事情不容易办好，要是我们总是拈轻怕重，那么我们的意志就变得不堪一击，心灵和人格的力量也会逐渐衰退。

意志是有选择性的，积极的人往往会去想自己该做什么，然后在各种各样的选择中做一个决定。你有权利决定做什么，但不能冥顽不灵。优柔寡断的人是很容易失去良机的，人要是有太多的顾虑，做好的决定又反复无常地变卦，任性地冲动地去尝试各种新花招，那么他的一生就将一事无成。当然，三思而后行没有错，但是反复无常却很容易挫败人的自信，因而会造成坏的影响。

做好一个决定后，却遭到他人的反对，这时候最能看出一个人的精神境界。什么时候应该妥协，什么时候应该顺服，什么时候应该坚持自己的意见，毫不退缩，这些都是在双方的意志碰撞后产生的问题。长期坚韧不拔地接受各种训练，解决工作中出现的很复杂的问题，登上一座高山，完成某种伟大的事业和一生的追求，如果你想达到这些目的，那么你的意志就必须接受长期刻苦的训练，并且坚守唯一一个崇高的理想。

用文字来表达意志和情感，其本质并没有太大的区别，而且也毫无乐趣，原因在于文字只适合去表达思想，意志的本质在于行动。以上各种精力、恒心和动向等，都要付诸行动，并形成固定的生活习惯，这种意志是在实践过程中产生的，而不是在简单的口口相传中产生的。

享受睡眠

如果我们可以和那个来自苏格兰的牧童一样懵懂无知，竟然不理解一夜酣睡是什么意思，他只知道每天晚上按时靠在枕头上睡觉，第二天早上按时起床；如果所有人都过这样的生活，那就没有必要去研究关于睡眠的艺术了。当我们睡着的时候，尽管不清楚睡着的人为什么还会眨眼睛，然而，当你醒来以后，就能感觉到自己睡得怎么样，就是怎样睡

快乐心理学

觉更舒适。如果你想衡量自己到底睡得好不好，那么你最好是在醒来以后，感觉一下自己是否足够清醒，疲惫和头疼的感觉是否已经彻底消失。当你睡着的时候，身体自然可以恢复到精力旺盛的状态，醒来以后马上就能感觉到精神矍铄。

然而，如果你得了神经衰弱方面的疾病，那么你就无法安睡。尽管整个身体都可以得到休息，但是，睡眠最大的好处是为了让每天劳累的神经体系可以解除疲倦。你要是在睡觉之前喝了一杯多余的咖啡，那么你将兴奋得睡不着觉。同样，高兴、激动和伤心都会让你失眠。睡眠是否规律，这是与人自身的神经特点、生活习惯、年龄及职业有密切联系的，然而，不管一个人一辈子都从事过哪些职业，他的生活起居必须要遵循一个固定的规律。

以下是普通人可以用到的五条睡眠指南。

第一条，人生中一件很重要而绝不能轻视的事情就是睡眠，所以不要轻易吵醒孩童，他们没有睡醒，是因为他们的确需要睡那么长时间。闹钟只是用来叫醒那些已经睡够的人，假如用闹钟来影响人的睡眠时间，那么闹钟的存在就会对人造成伤害。

第二条，尽量睡久一点，那么就可以防止身体过早疲劳。我们经常听到有人说自己很累，却又睡不着，很饿，却又不想吃东西。人会因为受伤或者生病而痛苦不堪，从而可以睡得很深，就像小孩在大哭一场之后就可以美美地睡上一觉。但凡事不可过度，过犹不及。假如我们打算去做一件既烦琐又沉重的事情，那么首先就必须保证充足的睡眠。充分的睡眠可以防止疲劳过度，这比在疲劳过度之后再用睡眠来弥补要好得多。原因在于这样的做法不至于使人元气大伤。如果你睡不好，能坐下来好好休息，对身体也能起到一定作用。

第三条，尽量养成适合自己规律性的睡眠习惯，但也要保持适当的弹性。好比你习惯了工作，要是突然发生了意料之外的事情，你难免会感到不安。规律性的睡眠习惯对小孩而言是很有必要的。无知的父母让又困又累的孩子在晚上继续嬉戏玩乐，这是犯法的事情。

第四条，要学会习惯性地自我约束。让孩子养成规律性的睡眠习惯，而不是让他被迫去睡觉。时睡时醒是一件相当危险的事情，这样很难养成一个良好的睡眠习惯，因此要做好防止意外的准备。不要用太过明亮的光线照着眼睛，要保持一个舒适的姿势睡觉，让眼睛和心情都放轻松，抛开各种杂念，相信自己可以安然入睡，那么你才能真正睡个好觉。强迫性睡眠是行不通的，越是强迫自己，就越睡不着。

第五条，以上各种关于睡眠的规律，都是从一般人的角度出发的，世界上并不存在一条无所不能的规律能满足所有人的需求，对于睡眠规律而言也是这样。然而，既然很多人都能穿上工厂早就制造出来的衣服，那么，对于绝大部分人而言，睡眠规律也是会起作用的。只有极少数人不一样，他们也只能想办法来将就大多数人。

从睡眠规律出发，引申到生活中的其他方方面面，有关小孩的睡眠规律很肯定的一点是，四岁的小孩一天大约要睡 12 小时到 14 小时；九岁的小孩一天大约要睡 11 小时到 12 小时；九岁以上的小孩每天只需要睡 8 小时到 10 小时。某些人需要睡很长时间才能恢复体力，而另一些人只需要熟睡就足够了。我们可以这样说，那些失眠的人最好不要因为失眠而心烦意乱，其实他们在平静的清醒的时候，也可以用来补充睡眠。静静地休息，这比做一些轻松的事情，比如读书，能更好地补充睡眠，如果读书可以帮助人更快地进入梦乡，那么睡觉之前看看书也是再好不过了。

有时候，一个人真的患上了失眠症，并不是因为心烦意乱，这种失眠症的情况特别复杂，大家对此各有各的看法，甚至有人认为睡眠的习惯对人体有害，并建议大家睡得越少越好；还有一些人睡的时间太长了，就像一个人吃得太饱一样，会对人体产生坏影响。然而，人类天生就会利用睡眠来恢复体力，因此，健康与否只是源于自然的支配。在现代社会，人们的夜生活和别的各种生活的时间越来越长，以至于睡眠时间越来越少。要看一个人是否拥有允分的睡眠时间，那就要他在日常工作中是否表现得很活跃，下班后是否还有多余的精力。

在瓶子里绽放的光芒

詹姆斯算得上是一个闻名世界的心理学家了，用流行的话可以这样说："美国的心理学都被他安置在地图上了。"25 年前，他写出了这样的话："我想起来，我以前看过的一本小说，书的作者把女主人公美好的人格和兴趣爱好写完以后，就概括性地说，她的惹人怜爱之处在于，无论什么人看到她，总觉得她仿佛是'在瓶子里绽放的光芒'。在瓶子里绽放的光芒其实也是我们美国人的理想人格，即使是一个少女也拥有这样的人格！"

他又引用了苏格兰的一位著名精神病专家的一段评价："美国人很喜欢把喜怒哀乐写在脸上，你们就像一列很长的军队，当尼摩行动的时候，所有后备军也跟着行动。英国人看起来较为木讷，不过他们的生活好像计划得还不错，他们仿佛准备了很多精力，以防万一。我觉得，这种超然的态度，这种蓄势待发的干劲，正是我们英国人最稳固的保护屏。此外，我觉得你们美国人总是让人没有安全感，你们应该想办法表现得更低调一些，因为你们确实太锋芒毕露了，对于平常的鸡毛蒜皮的事情，你们浪费了太多精力。"

对于美国人兴奋过度这一点，目前有两类不同的意见，而且现在批判的力度犹胜于以往。詹姆斯对于这两类意见的批判是公正的，他说："凡是那些在欧洲住了很长时间的美国人，就会习惯在那里流行的某种精神，这种精神在我们美国人的眼里是呆板的，在他们再次返回美国的时候，会产生似曾相识的感觉。他们会感受到自己的同胞们脸上和眼里的激动的光芒，表现得极为热忱，对未来充满希望，这就是一种强烈的活泼感，让人觉得很亲切。但我们仍然很难分清楚，到底是男人在这方面的情感更多些，还是女人更多些。然而，很多人对这种热情总是抱以敬仰，并充满希望。我们经常说：'这是多么聪慧啊！这和我们在英伦三岛看到的那些呆板的表情，像鳖鱼一样的眼睛，言行举止毫无生气，这是多么出众啊！'的确，像这种既紧张又快捷和灵敏的外貌，正是我们美国人公认的理想状态。不过从医学角度来看，我们美国人很难察觉这种兴奋过度的缺点。"

精神健康和不同国家的不同理想问题，就是一个关注的重点。我们说，英国人和美国人是堂兄弟关系，但从心理结构的角度来说，他们的关系尽管不是很疏远，不过仿佛要比堂兄弟更疏远一些。要是从心理学的本质来看，稳重的性格不失为一种很好的理想，这一点是毫无疑问的。那些在热血沸腾时爆发出来的力量不停地扰乱精神，导致精力全部都浪费在感情问题上了，做起事情来就像一根带有高电流的铁丝，很容易徒劳无功。原因在于这种过度兴奋是一种退化为孩童时代的举动。徒劳无功，不只是因为过于急促，也在于过分的冒进、驱赶和搅扰，性格稳重不是一种呆板，而是一种蓄势待发的力量，这样的力量不是呆板的、沉重的、无法撼动的，而只是一种有所节制的蓄势待发的力量。

就拿我们最近一段时间的心理惯性来看，就可以看到这一点，例如现代社会的汽车主永远都在计划去各处逛逛，这一点充分体现了每个人总喜欢向前进的特点。美国人喜欢说这样一句俗话："我们不知道到底要去哪里，不过我们一直在前进。"这种瞎逛的满足感遮蔽了一个最重要的问题，就是在走之前，我们应该选择正道。那些喜欢把自己的行动当成是激流勇进、艰苦奋斗、雷厉风行的人，就对这种瞎逛的目的搞不清楚，他们往往把没有方向的奋斗和方向明确的奋斗混淆在一起。男人就像印第安人那样，喜欢自由自在地抽烟，但女人却匆匆忙忙地把烟雾吐出来。女人抽烟的这种习惯，作为一种打发无聊的办法，就可以体现这一心态。

对于任何事情而言，过分总不是什么好事。普通人往往容易走极端，过分节制和不够节制都是不好的。精神舒适本来是有自身的规律的。丰功伟绩需要的是稳重的性格和良好的修养，要是把充沛的精力浪费在过度兴奋和纷扰杂事上就不好了。但灵活的性格也让生活充满生机。了解清楚各个国家的心理习惯，对于大家来说都是有百利而无一害的，这就像签订通商条约一样。

打破抑郁的诅咒

抑郁是因为神经系统产生某种病变造成的疾病。我们在日常生活中起码会存有一些憧憬、充实和喜悦，这种疾病就像人们透支过多的钱财一样。不过这种疾病也许是因为暂时性的透支现象，很快就可以再次储存一些新的力量；也许是因为一种长期的疾病，一直都是这样，不管有什么样的起因，这种疾病总是因为精神上产生过深刻的根本性的变化，才会造成这样的结果。

因为抑郁症会造成长期的严重的精神错乱，以至于那些深受其害的人们每次会莫名其妙地变得极为恐惧。要是再恐惧一点——就变成了疯狂的状态。一个醉醺醺的人，要么手脚衰弱得就像一个瘫痪的人，要么疯疯癫癫的，像一个癫痫病人，不过他休息一段时间之后，就可以恢复到原来的样子。

这种抑郁症特别严重，但还是和真正的抑郁症的情况和原因是不一样的。这种抑郁症在发生之后还可以恢复（发生的时候比恢复的时候的情况要突出一点），对于黑暗的绝望会慢慢地变成对光明的憧憬，就像黑夜会慢慢地变成朝霞一样。抑郁症源于疲惫，你的情绪就像气压表一样——原本在昏暗、烦闷、凄凉的天气的时候很低沉，要是又碰上你精疲力尽或是饥饿难耐的时候，就会彻底地消沉下去。如果你之后可以补充睡眠和营养，那么你的精神就可以得到恢复，情绪也会像气压表一样恢复正常，就像人们说："我吃饱了，连命运也无法伤害我。"吃完晚饭后，心情会变得更快乐。

神经衰弱症——我们要搞清楚这个词语说的是不计其数的普通人，还是人群中的个别人——在不同的人身上体现出来的病症也会有所区别，有的人是因为晚上没睡好，有的人是因为消化系统出了问题，有的人是因为精力消耗过度，有的人是因为脾气不好。神经衰弱症最常见的几种情况就是睡眠不足、消化不好、易于困倦、无精打采等。

在所有病症中，抑郁症是最捉摸不透的，只有得了抑郁症，才会明白这到底是一种什么样的滋味。当然，从生理的角度来看，这种病症也是可能有致病物质存在的，譬如，通过排泄功能排出了身体中的有毒物质，病就有可能治愈。俗话说："人生有没有意思，这是由肝的功能来决定的。"

确实，这种抑郁症貌似有点奇怪，失心疯既令人恐怖，又令人怜悯，只能让人陷入无边的痛苦中，此外，别无他法。得了抑郁症的人仍然可以奋斗不止，他身上那些本来就充满力量的本能总是会想方设法地排除阻碍，他渴望摆脱绝望的漩涡，并重新振作起来，他沉重地泪流满面地艰难地想要破土而出，而后云消雾散，他就能稍微安下心来，然后他就可以保持更长时间的安宁，就会活得越来越快乐。

所以，我们不必过分担心自己的抑郁，曾经有个抑郁症病人告诉我说："我并没有真正患上抑郁症，只是总感觉自己得了抑郁症而已。"他后来摆脱了这种感觉，身体就好多了。有一些人建议我们应该每天早上对着镜子微笑，而后在一天中要是不开心了就这样对着镜子微笑。还有一些人在吃早饭的时候喜欢听爵士音乐，因此你应该培养一种特别的兴趣爱好来驱赶抑郁的感觉。

驱除焦虑的情结

焦虑是一种病症，而不是一种疾病，这种病症会使很多正常心理发生异常，这些异常可用很多名词来描述，不过那些名词都无法说清楚具体的情况。这些心理异常都是坏习惯，不过还是无法说清楚焦虑的根源，具体地剖析这些心理问题，发现都是一些有缺陷的、能力不够的、比较轻微的神经衰弱，如害怕、难为情、疲惫、激动、害羞、忧郁、沉默寡言、神经过敏、乱发脾气、愤怒、做坏事等，原因都在于某些东西在作祟，破坏了个人精神的安宁。

现在的问题是，产生焦虑心理究竟是哪方面的精神出了问题呢？这是我们考察焦虑根源的首要步骤。这种病症到底有什么内在的根源？到底存在哪些本质的因素呢？要对此事深入分析，我们就必须一点点地加以探究，一部分连着另一部分，而后才能够慢慢地发现一个清晰的图解。

要是有人得了忧郁症，我们开始以为他只是累了，只是疲惫了。疲惫指的是一个人储备的精力变得越来越少，而消耗的精力却越来越多，并超过了储备的精力。一个神经组织在休息的时候就可以维持精力的平衡收支，就能够抵制来自外部的打击，就像从生理的角度来看，强壮的身体就能抵制带有病毒的细菌一样。你在生理方面的抵抗力是可以抵挡外部的打击的；而你在心理方面的抵抗力——悟性、免疫力——对精神错乱也有同样的影响。在你精神受到打击的时候，假如你具备这种免疫力，那么你就不会惧怕了。

当你精疲力尽、萎靡不振、心力交瘁，并且在心灵最脆弱的地方受到了攻击，那么你就会开始抱怨，就觉得只要逃脱这种病症，你的身体就会变得健康。这类病症有麻烦、惧怕、情绪错乱、睡不好、做噩梦、极端忧郁、心慌意乱、心猿意马，如果一个人身上产生了上述所有病症中的任何一种，都会觉得自己的心灵患上了最严重的病症。但这类病症从根本上来说是很相似的，很多人会在同一时间内患上其中好几种比较轻微的病症，不过最严重的病症只有一种。

这正是人们焦虑的根源，当焦虑感变得更严重的时候，那么这一点就会成为一个人最大的缺点，并变成他在心理方面的不良习惯。改正的办法就是及时发现、及时解决。如人们总是为小事情而烦恼，烦恼就是心灵的漏洞，一艘船要是出现了漏洞，就根本无法继续前进了。然而很多心理上的病症首先都应在生理上进行治疗——使身体尽情地休息，别太辛苦，保持平静的心情去吃饭，适当地运动，累了就睡一会儿，进行短暂的休息，对于放松心情有相当大的作用。

"遗忘"也是一个不错的办法。你的内心无须为琐事焦虑，就像你的心灵无须补充食物一样。一个焦虑的人经过一段时间的调节和休养后摆脱了焦虑的坏习惯，那么他就会变得更高兴。别因为无法排除焦虑而感到更焦虑，给它一个空间，让它自己消失。

外表强硬的背后

在心理学上，有个特别奇怪的现象，那就是我们处理情绪的态度。比如我们都存在恐惧的心理，可是任何人都不愿承认这一点，也不想被人当成胆小鬼，所以我们都竭力去控制自己的恐惧心理。然而，在谈及怜悯心的时候，我们却表现出一种过分的激动。男人喜欢自己看起来坚强而又庄重，既不柔顺也不谦和，所以男人总喜欢表现出自己雄性的一面，并极力抑制各种各样的情感需要。

因为对感情的克制，所以会出现"外表强硬"的说法。譬如，在经商的时候就只谈商业方面的问题；一切都要向前看；别害怕，别胡来，因为任何人都在筹谋沾你的光，不会可怜你，也不会顾及你的感受，因此，你应该穿上铠甲，变得像钉子一样坚硬。要注意别落后于他人，别在意音乐、艺术和所有毫无益处的事情，工作勤奋，做个强硬的人。

有的外表强硬的人在对待工作的时候是一种心态，对待工作之外的事情又变成另一种心态，然而，他们外表的强硬往往会掩盖他们所有的情感，让他们无法摆脱这种约束，所以就只能永远做一个外表强硬的人。

摩根作为一个杰出的金融家，从来没有被强硬的心态所约束，原因在于他还是一个欣赏艺术并倡导各类公益事业的人。他有句话流传甚广："已经熟透的鸡蛋夹肉是无法再次变成生的。"因此，一个人变得强硬以后，就无法再恢复以往的温柔，这是因为他早已变得强硬了。

外表强硬的人往往都受到一种有害的哲学和心理学的影响，不过，假如别人提醒他这一点，他肯定会认为那个人太过于温柔和软弱了。实际上，是他自己被强硬的坚固的外壳阻碍了世界上很多意义非凡的事情，所以才会那样去抑制自己的情感，他活在这个世界上，其实只能算是他的一半活着（并且是烂掉的半个人）。

那些在所有事业中的真正伟人，其实都有着广泛的兴趣爱好，他们高瞻远瞩，并对很多普通老百姓都有怜悯之情。他们绝不会因为自己的事业而去过无意义的生活。

那些外表强硬的人因为害怕被人发现自己的恐惧心理，因此就掩饰得更加厉害。但是，假如他不能成功地掩饰自己的感情，那么他就会一败涂地。那些外表强硬的人有时候并不是因为愚蠢，但却会询问算命先生，请他们告知股票交易或者赛马的号码，而一个具备常识的正常人是绝对不会做这种蠢事的，其实外表强硬的人并不像自己想象的那么坚强。

总之，这类人运用了一种不正确的方针和暗示，希望在生活中让自身获得极大的满足感。乌龟身上坚硬的外壳是合情合理的存在，原因在于它没办法用其他的东西来保护自己，然而人类却是极为复杂的动物，假如你抵制了自己身上的某些天性，那么你就丢失了那些天性，从而让自己变成了不完整的人。

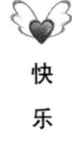

你不能让神经过分紧张

按照威廉·詹姆斯（美国知名心理学专家）的说法，世界上有两种人——粗暴的人和谦和的人。性情粗暴的人未必绝对粗暴，而性情谦和的人也未必绝对谦和。在正常情况下，大部分人都是平庸的，既不是非常优秀，也不是极端邪恶，不过大多数人总是这两种情况中的其中之一。

如果想了解自己是什么样的人，就需要了解我们在处理问题时的心态，特别是对感情的心态——对于在这个千变万化的世界遇到的烦恼和痛苦，我们有什么样的感受。这不只是适用于那些受不了肉体之苦的"嫩脚掌"，也适用于"头皮稚嫩"的人。对所有事情，他们都很敏感，总是发现生活中最柔弱的那部分，因此总是觉得很郁闷。人的生活如果特别尊贵，就会像温室里的花朵一样弱不禁风，这种原因是人为造成的，是能够避免的。和不同类型的人及事物打交道，这对于人们来说是有益无害的，这样大家都可以公开、自在、友善和平等地互帮互助，有来有往。从经验的角度来看，我们能够获得很多经验教训，尽管我们一定要谨小慎微地做出正确的选择并避免犯错误。

我们在教育孩子的时候，特别要注意到这样一个问题，因为孩子天性就是稚嫩的，因此一定要教育他们变得更坚强。当我们给儿童讲故事的时候，可以讲一个关于"真公主"的故事逗他们高兴，这个故事是这样的：尽管她衣衫褴褛，然而，让她在一个铺了十四层鹅绒的褥垫上睡觉，她竟然还可以感受到褥垫下面的细针，整晚都辗转难眠，因此可以证实她才是真正的公主。然而，在现实生活中，我们一定要指导孩子从婴儿状态中走出来，以免他们走上荆棘遍地的社会之后，稍微受点伤就哭哭啼啼，稍微不顺心就大发脾气，稍微有点失落就开始难受。

与此同时，我们还需要让孩子保持对人生中所有美好事物和环境的敏感，而后提升他们在生活中处理问题的能力。很多人的生活尽管颠沛流离，不过他们还是可以把幸福和不幸区别开来，所以我们一定要引导儿童认识到这一点：有时候，我们在茅厕里就可以获得充实和乐趣，但在皇宫里也会遇到倒霉的事情，并且忧心忡忡。

坚强的人只会为了自己的生活而奋斗不止，很少去顾及他人对自己的看法，也不关心自己对自己的看法。脆弱的人总是在从自身角度出发，他们对于兴奋的感觉特别敏感，对于痛苦的感觉也同样刻骨铭心。

人的兴趣爱好和感受力有着同等重要的位置，坚强的人一般不会为自己的感觉而困惑，因此他可以一心一意地做好自己的工作，他们也会因为自己活得平淡无奇，好奇心得不到满足，就看不起那些柔弱的人。幸运的是，世上的很多工作都属于这一类别，而且还有很多人的性格是适合去做这类工作的。

现代的社会环境总体上是粗暴而又苛刻的，这对脆弱的人而言，生活会变得较为艰难，因为社会环境无法完全满足他们的需求。坚强的人和脆弱的人互相之间终其一生都无法彻底地了解彼此，但他们却不得不总是待在一块。有个很好的解决方案，那就是让他们尽快地认识对方，双方都体验一下走进对方内心世界的感觉。

以下所述来自于一个精神病学的专家，他对不同类型的人的性格都了如指掌。

有些人在训练过程中养成了某种习惯，总是认为所有事情都有自身的规律，他们连最细微的事情都很重视，一辈子都在走着一条歧路。毫无疑问，我们可以去关注细节，世界上总是有一些人，他们可以创造出美好的东西——艺术家、诗人及音乐家就是这类人，他们都很优秀。他们在安静而又舒适的工作环境中，一般不会有什么异常的表现。而那些普通人呢，总是在为自己的生存奔波，不停地追求欢乐、奋斗和成就，那么，假如他们表现出过分的稚嫩，总是为一些鸡毛蒜皮的小事而耿耿于怀，他们就会经常觉得难受。因此，在"十诫"之后还需要再加上第十一诫："你不能让神经过分紧张。"

如果脆弱的人既儒雅又不自找麻烦，刚强的人既充满勇气又深情款款，那么，这个世界上就会有更多的男人和女人变得更快乐，大家的心理也会变得越来越健康。

孤独的快乐

健康的精神乐园，既不能太孤独，长期地离群索居，也不能太喧嚣，以至于乌烟瘴气。按照折中的方法，人不只是需要自我约束，同时也要平衡自己两种截然不同的需求——对孤独的需求和对友谊的需求。

安静的生活是文化进步的表现。原始社会的生活是以部落作为单位，而不像现代社会是以家庭为单位的，在原始社会，除了每个人身上穿的衣服之外，他们再也没有多余的私人财产。印第安人现在仍然是所有人集体住在一个村里，所有东西都是公家的。弗莱彻女士为探究印第安人的生活奋斗了一生，她认为与印第安人生活在一起，最大的问题是没有自己独处的时刻。原因在于村里所有的地方都是属于公家了，没有私人的地盘。她只有去一个英国人家里，才能感受到独处的快乐，只有那里才是她的心灵堡垒。

一般而言，"安静"这两个字大多出现在办公室的房门上，从心理学的角度来看，这是没错的。在办公事的时候，我们要保持绝对的安静，在玩耍的时候，我们就需要寻找自己的同伴。工作要一心一意，因此办公的时候，我们一定要暂时性地和家人、邻居和其他所有人都隔绝开来。

说实在的，钥匙只有一个用处，那就是让个人保持自己的安静。除了卫生问题，在市场上最珍贵的东西就是"私人空间"。我们生活在现代工业的喧嚣环境中，打字机发出的咔嚓声，还有其他的各种喧闹声，都可以经过半截子的木板传达到所有的办公室，普通人真的不知道怎样去安静地工作，想要处理好这个问题，即使是倾尽整个美国的财力，也无法办到。独处的空间比独处的时间更为珍贵，一般只有身为大公司的总经理才能享受到这种独处的福利。

有的人甚至会对私人空间产生偏见，并且觉得需要私人空间是具备特殊身份的人的一种自大心理，或者是为了避开普通民众去干坏事，就像以前的那种贵族客厅一样。做让人羞耻的事，确实也和在工作的时候一样，都需要私人空间，说这个问题的时候，其实也和解释别的所有行为一样，需要考察出发点的问题。

一个人需要私人空间的原因在于他不但可以一心一意地做自己的事情，而且也可以让自己变得更有修养。所有人都需要私人空间来进行自我反省。原始社会的人喜欢在空旷的地方反省，并且认为那个地方可以感受到神灵的存在。在现代文化越来越进步的世界，我们面临的问题是该怎样去找回早已消失的宁静的乐园。一个有着完整生活的人必然需要良好的私人空间和时间，然后才能有更好的修养。

私人空间是一种准备的状态，随时准备着和他人来往，在很多事情

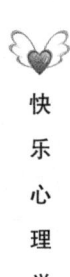

快乐心理学

044

上，你往往是需要他人的帮助的，尤其是孩子总喜欢依赖他人，然而，孩子也需要有自己的私人空间，以便更独立地成长。等到孩子长大成人，他自然而然地就适应自己的成长阶段。我们可以从他人身上得到很多启发，也可以和他人一起互相学习。普通人天生就是喜欢群居的，人类本来就乐意聚在一起生活，大家都生活在一块，尽管这样，我们还是需要有自己的独处的时刻。

我们面临的最危险的事情就是极端的孤独，只有精神有问题的人才会变得越来越孤僻。一个陷入悲伤、病痛、烦闷中的人如果想回到以前的正常生活，他最好是选择和正常人经常生活在一起。过分隔绝人世的人就是不正常的人，他总是藏在自己的影子里，他需要一片光明来照亮自己。

当我们悲痛欲绝的时候，需要全力以赴去奋斗的时候，我们更需要私人空间，不过那时候，我们也同样需要自己的爱人。一个人如果太孤独了，随心所欲，他就会变得很孤僻。而那些经常没有私人空间也无法离群索居的人们，一般都是因为内心修养不够。

在城里住惯了的人几乎都形成了一种普通人身上都有的根深蒂固的群体性。平时我们总觉得，那些平常工作很忙的人，趁着短暂的暑假，离开喧嚣的工作环境，会躲到深山老林里，然而事实上，他们反而又去了人潮拥挤的海滨大道上，夹杂在一群来自五湖四海的游客中。现代交通变得越来越方便，电话和汽车使人们的距离越来越近，破坏了村庄原有的寂静和距离。因此我们渴望一些天才人物，可以创造一种方案来保持村庄的寂静。我们之所以这样希望，是因为从大部分人的角度来看，所有来自世俗的纷扰，还有附近的人和我们在一起的时间的确是多得有些过分了。

平静的生活

现代社会有很多文章都谈到了我们生活中的变化，譬如，爵士音乐的喧闹、封建思想的解体、家人之间的关系被破坏、年轻人奋起反抗等，所以我们不只是必须要搞清楚它们的意义何在，代表了什么风尚，而且还要弄清楚在解放过程中，究竟有什么东西备受摧残，有什么东西是我们不应该丢失的。

如果想要一种自我约束的平静的生活，那么你在纷纷扰扰的现代社会就找不到这么宝贵的生活，貌似其中特别有价值的那部分正面临消失的危险。一个完整、完美和充实的人需要的是一种平静的生活。像如今的时代，一切都在向前发展，以至于家庭关系崩溃了，平静生活的中心消失了，所以想要过上平静生活的机会并不是很多。

"不管多么倒霉，待在家里总是好的。"这并非是懦弱的说法，而的确是表达了人类在心理上的本质需要。在当今社会，处处都是车轮滚过的地方，我们确实太方便出门行动了，所以越来越多的人变得好动起来，恐怕我们都要回到原始社会了，生活在一个没有家的国度里，连过最简单的平静生活都没有机会了。

这时候，公寓就变成了人们暂时的住处，租期可以很短暂，所以来来往往变换的人也特别多。吃饭的时候就去那些自称是家常便饭的饭店，晚上的时光就在电影院里打发了。即使是这样，他们还会经常抱怨无处可去，只能在家里宅着。

这种危险的现象，不只是对激动、刺激、肉欲的过分需求，而且也严重地损坏了个人的品性，甚至会要了一个有修养的人的性命。

"无论是向东，还是向西，待在家里才是最好的。"这是有关于家庭的一句老话，以前大家围在火炉旁边，经常能见到这句话。然而，要是在当今社会的暖气片上也贴上这样的话，却貌似不合时宜了，原因在于我们当初放置火炉的地方早就随着家庭的消失而消失了。如果家庭仍然存在，变成了亲朋好友聚会的地方，或者，家庭甚至变成了生活的中心，那么即使在暖气片上贴上那样的话也不碍事。

平静而又聚居的生活真的是危机重重——喧嚣替代了平静，分散的生活替代了聚居的生活，一家人却各有各的道路。年轻的人觉得老人暮气沉沉，老人又觉得年轻人轻浮无知。然而，集体生活的分裂却是一种极大的损失。不管外部事业多么重要，在社会上过集体的生活永远无法替代以家庭为中心的生活。在一个好家庭中长大要比遗传好基因更加宝贵，原因在于这一点可以表明你是从平静的集体生活中成长起来的。孩子敬重自己的妈妈，就是因为这个原因。在平静的集体生活中，烦恼会烟消云散，兴趣爱好也会渐渐地形成，这就是为什么那些幸运的年轻人既能拥有一种成熟的兴趣爱好，又能对家庭负责的原因。

假如用冷漠的心态来看待这一切，那就太情绪化了，也太老套了。但是，不管怎么样，精神的健康原则就是这样。世界上那些能够自立自强的人并不多，即使有，他们身上仍然有很多不完善的地方。但如果他们自己去开创一种平静而又集中的生活，那么他们的成就就会永垂不朽。而那些大部分仍处于成长阶段的人，必须具备这种心理。不管家庭组织多么不完善，然而，迄今为止，家庭是唯一可以给人带来平静而集中的生活的地方。

一个民族，如果没有这样安稳的环境，没有可以立足的根基，而且没有意识到这种生活需求，这和另一个在这种环境中长大的民族相比而言，这个民族的精神是否能同样令人舒服自在？那些保守派并不关注这个问题，而进步派却对此忧心忡忡。

不要自作聪明

"让一个脾气坏的孩子变善良，这要比让一个愚蠢的孩子变聪慧更加容易。"这是一位在英国很出名的生物学家兼生理学家说的话。"心地善良但头脑蠢笨"，这个很常见的形容词，很容易让人们联想到它的反面："头脑聪慧但性情顽劣"。

显而易见的是，人们日常的行为就是在实践这两个形容词。你办事情最重要的一点是要追求最后的结果，怎么做才能做得既正确又明智，这一点可以从你的行为举止上看出来。有一些行为既善良又美好，却非常愚昧；而另一些行为虽然很明智，可是却让人惨不忍睹、卑鄙下流。

天真无邪是指头脑简单，还是指心灵纯洁？世事洞察会不会妨碍你的善良，影响你的利益？难道你的弄虚作假就意味着你已经熟知道德和智慧的游戏了吗？毫无瑕疵的观念就能稳操胜券吗？对于同一个问题，我们能用不一样的方式来提问，而这种问题往往都像说不清道不明的谜语一般，永远没有正确的答案。

所以，教育就是为了让人走上两条道路，即让你变得更善良、更聪明；让你变得心胸开阔，让你的道德和智慧更加完善。近来我们咨询过一位很出名的美国作家（他在书里明明白白地写出了很多伟人的生活和思想观念），我问他，现代人所犯的最大错误是什么？他给我的答案是：

"人类在聪明才智上付出了太多精力，却忽视了正常的情感需要，人类注重头脑远甚于情感。"

我对他的答案很满意，他的思想概括起来就是，重视一个人的正常情感需求、完善的兴趣爱好、良好的道德修养，这要比重视一个人的学历、常识、灵活、明智等显得更重要。但我自己不管对任何笨蛋，都会很敏感地感到难受。按理说，我们应该去容忍那些笨蛋，尤其是那些在政治上野心勃勃的人，可我永远都无法忍受。

如果让善良和聪明来一较高低的话，那么胜利者一定是善良。和聪明人的生活比起来，不管愚蠢的人的生活看起来有多么平淡无味，我们仍然不得不接受：假如用善良来和聪明作比较，那么善良就像美本身一样，会变成一种稀罕之物。假如世上不存在美和艺术，那么这个世界一定是乏味至极，因此，善良比聪明要高一等，尽管善良也是那么平凡而又朴素。

在探究道德和智慧的时候，心理学家获得了很多安慰。首先，我们改变一个人的道德比改变一个人的智慧更简单。其次，正常情况下，道德和智慧是可以共存的，而不是鱼与熊掌不可兼得，就像在茶水里也可以加柠檬和牛奶，我们也可以同时具备道德和智慧，既可以自高自大，也可以谨小慎微。

智慧在每一种心智或心理上都是存在的，这一点是最无法改变的。你的智慧不会因为你的思想而增加一分一毫，就算你能得到很多学位或者职称。当一个人在学校历经很多年的智力测试之后，智慧就基本上不会再有大的变化了。你在6岁时所做的智力测试，和你在16岁时所做的智力测试自然会有天壤之别，但这只是意味着你的智力也在增长，这种测试忽视了很多问题，特别是忽视了学生的兴趣爱好发生了改变。这个时候，他对情感的控制力以及办事能力的增长速度最快。而这些东西基本就成了道德的根本，它们大部分都可以通过教育得到，所以，让一个孩子变得更善良要比变得更聪明简单多了。愚笨是一种比邪恶更难以治疗的疾病，不过我们也不应该灰心丧气，仍然应该尽心尽意地教导孩子成为一个善良的人。

幸运的是，可以决定这种行为的两个原因——良知和道德，是更趋于合作意向的。沃兹博士在探究皇家的遗传学的时候，曾经选了很多皇家人员进行研究，并且得到了很多可靠的结论，这些结论中包括，一般聪明的人也更善良，相反，愚蠢的人就更加邪恶。但有时候，聪明和善良是完全分裂的——在犯罪、欺诈和阴谋的生活中，同在崇高的生活中一样，都能发现很聪明的人。

我们只有把道德标准提到与智慧标准同样的高度，才能防止大学沦为一个专门培养道德低下者的地方，以便大学成为一个培养博学多识、心智健全的场所。

第二章

打开心锁

快乐心理学

清除偏见

"Thob"这个词，你认识吗？不认识也没关系，原因在于你在日常生活中会经常遇到这个词所代表的含义。亨寿·华德认为这种含义需要一个专有名词来表达，所以他就写了《Thobbing》这本书，书中说："我们都喜欢考虑自己喜欢的意见并轻信这种意见。"在 Think（思想）中把"Th"拿出来，在 Opinion（意见）中把"O"拿出来，再在 Believe（信任）中把"B"拿出来，最后用这拿出来的三个字母组合成字母"Thob"。你信自己所经历的是快乐的有趣的事情，当然你就会相信那些事情，或者起码愿意去信；你认为原因在于这件事情本来就是这样，所以你可以去证实这件事。归根到底，首先是因为你自己的信任，而后你才会去找寻相信的理由，并进而证实自己的信仰。

然而，"Thobbing"并非是这么容易的事情，并非所有不正确和不完整的思想观念都是"Thobbing"。在你的很多思想观念中，多多少少总有一些情绪的因素在里面。你因为对结果的重视，所以就影响了自己的看法。你首先就用偏见来维护自己的信仰，并认为自己的偏见和信任会取得一个平衡点。

我们对很多事情都有自己的信仰，然后又有很多偏见，因此，让事情按照我们想象中的那样发生的时刻的确少得可怜，实属凤毛麟角。

你首先碰到的阻碍就是偏见，这种感情特别容易干扰到你的判断力，你对自己喜欢的人或者观点，就只会看到其中的优点，而对你自己讨厌的人，就只会看到他们的缺点。最普遍的是关于种族的偏见，这种偏见往往会妨碍到种族之间的良好的关系。我们总是渴望被他人宽容，但是每当情绪高涨的时候，例如，在审理关于沙哥和凡柴地的案件的时候，我们才了解到，想要执行公正的判决是多么困难了。对于一个案件，在我们还没有发现确凿的证据以前，心里往往就已经有了一种偏见，总认为某个人犯了罪，而某个人是无辜的。在这类情节特别严重的案例中，"Thobbing"所体现出来的行为确确实实是一种特别危险的尝试。

迷信包含了很多"Thob"的成分，以至于人类深信预兆和符咒是司空见惯的事情。譬如有些迷信认为，在一个楼梯下经过，或者星期五出去游玩，就会倒大霉。捡到马蹄铁和四片叶的金花菜，或者捡到掉在地上的一根针，也会走大运。手上长了肉痣是因为接触癞蛤蟆引起的，在口袋里放置一块磁铁或者楮子就能治好风湿病，要是对着一条活鱼的嘴吹气，就能把百日咳传染到鱼的身上，要是看到彗星就意味着天灾，叱骂神灵就能驱逐瘟疫，梦见结婚所用的糕点就意味着暗示了未来的老公，从手掌纹路的长短就能看出人能活多久，并认为算命先生对这些事总会比一般人更熟悉，等等。对于这种迷信观念，任何人都无法证明其真实性。而这些全部都是"Thobbing"，并且是最根深蒂固的"Thobbing"。

我们为了让平凡的生活变得更有乐趣，所以就相信了独角兽和美人鱼。我们无法确定迷信和知识的分界线是什么。有段时间，有一些人去很遥远的地方去找永生之药，而且他们相信可以把自己的灵魂出卖给魔鬼，因而能得到某种神奇的力量，这样就可以去惩罚自己的敌人，或者为获得一点爱情甘醇去诱惑自己的情人。人类不但敢于出卖自己的信仰，而且还敢于对自己的信仰进行投资。从古埃及到亚利桑那（Arizona）时代，在发生旱灾的国家，一些招摇撞骗的人就诈称自己可以用法术求雨，骗取钱财。赚钱的快捷途径让普通人专门去做发财梦，竟忘了平时应有的常识。然而，大多数情况"Thob"是由信仰的取向或者舒适性造成的，或者有一种信仰特别美好，简直就是一种思想，一个美梦。"Thobbing"是按照我们的愿望来改变世界的。

世界上不是只有没有受过教育的人会"Thob"，就连科学家往往也会"Thob"，他们经常用喜欢的意见或者既定的偏见去探究一件事。在古代，人们都认为行星运行的轨道呈圆形，原因在于他们觉得圆形是一种完美的形状。后来，人们又有了新的发现，并证实地球只是其中一个围绕太阳运行的行星之一，这和曾经的信仰，即把地球当成世界中心的信仰大相径庭，这个观点经过很多年的努力最终才得以确立。个人信仰就如那些没有理智的人，一切都任由自己的"Thob"去办事。这样可以让他们有一种满足感，觉得可以用自己的感觉去解释各种现象。

我们的思想无法按照真理去行动，原因在于我们的使命和个人的感觉是相互分离的。不管发生什么事情，我们往往有一个方向，有一个群体，有一种偏见。无论我们对任何题目有任何意见，这并不是因为我们清楚所有的事实，只是因为我们太喜欢选择与我们感觉相似的信仰。因此，当我们以为自己在思想的时候，实际上，只是陷入了一种"Thob"罢了。

快
乐
心
理
学

如果你是一个罪犯

如果你是一个罪犯，那么你想待在一个刑罚不重而监管很严的州，还是想待在一个刑罚很重但监管不严格的州？

假如你犯法被抓住了，那么你想被一个轻易判罪却判罪很轻的法官审判，还是想被一个不轻易判罪却判罪特别重的法官审判？

这两个问题并非是为了好玩才提出来的，原因在于法律并非是特意为犯人判罪而制定的，法律的目的是为了防范人们犯法。但我们到底应该制定惩罚很轻但监管很严的法律呢，还是应该制定刑罚很重但震慑力很大的法律呢？严刑峻法，或者是一旦犯法就插翅难飞——到底哪一种法律可以更有效率，可以阻止你的犯罪冲动呢？

如果有 25 个男人和 25 个女人都在美国犯了同样的罪，但美国各大州对于这种犯法行为的惩罚力度都不一样：有的是死刑，有的是囚禁十六年、八年、四年、两年、一年、四个月、一个月，甚至于最轻的惩罚只是囚禁十天的时间。然而，那种处罚为十天囚禁的州是不可能有人能逃脱惩罚的，但判处死刑的州却可以让 100 人中只有 1 人被判刑。这就是说，惩罚越轻，越难以脱罪。

无论是男人还是女人，怎样回答这个问题，首先取决于人的冒险性。如果你喜欢豪赌，又喜欢碰运气，那么你就去惩罚很重可逃离机会很大的州。如果你不愿意冒险，那么你就会去一个惩罚很轻而监管特别严格的州。最起码人们会在想象中做出这样的选择，但是事实上，让很多真正犯罪的人来做这个选择却非常困难。很多人都害怕死刑和无期徒刑，然后才是时间短但却无法逃脱的惩罚，最无法产生效率的是刑罚不轻不重却又很利于逃跑。

犯人选择法官的时候也会遇到同样的问题，正常情况下，犯人都很害怕严格的法官，然而，罪犯也害怕判刑很轻却无法让人逃脱的法官。

重新确认一下，这一切都取决于各人自身的冒险性。有两种人，一种是喜欢冒险的人，另一种是不喜欢冒险的人，那么你是哪一种人呢？

因此，用投票的办法仍然无法解决我们现在面临的问题。假如让真的犯了罪的人来选择，也许那些穷凶极恶又喜欢冒险的罪犯会去惩罚很重却监管不力的州作重大案件；但那些胆小怕事的罪犯却会选择惩罚很轻但监管很严的州去作小案件。我们难以去做这方面的实验，原因在于各州的法律并没有极大的差距，而且同一时间犯罪的详细情况也各有不同。

但是，我们能做一个大胆的断言：很多普通的罪犯是胆怯的，胆子很大又喜欢冒险的人特别少。而那些并没有犯下大罪的大人和小孩，其实更适合轻松却确切的惩罚。此外，更重要的一点是，我们在日常生活中教育的目的和办法应该都从仁爱的角度出发。对于政府官员的判罪更应该这样，按照不同的人来判定不同的罪，这比按照不同的罪来判罪更为重要。

我们在处理罪犯方面的制度依然不是很完备。一直拖到最近一段时间，我们才开始去研究犯罪心理，并且按照这种心理来判罪。越来越多的事情变得越来越科学，越来越有人道主义精神，探究犯罪心理就是这种精神之一。

所有人都是戏子

有时候，我们会碰到这么一种人，他们经常得意忘形，就如他们时刻都带着一个可以移动的座位，只要空下来，就经常坐在座位上，并且抢着去把自己做成雕像，以伟人自比，这就是普通人无聊时经常做的事情。

年幼的孩子都是天真无邪的，他们天性是什么样子，他们就表现出什么样子。所以，他们很招人喜欢。等他们长得越来越大的时候，就开始慢慢地变得有些矫揉造作，只是他们的矫揉造作，仍然会很天真无邪。纯粹的矫揉造作是人为的，是为了去处理各种表面上的社会人际关系。我们有时候需要一种彬彬有礼的态度去对待别人，但这种态度却有一点矫揉造作的感觉。这一点是由社会教育造成的，因而也是社会教育的一部分，因为精神的安定也包含了社会的稳定。

所有人都拥有几个不同的自我，这一点是无法避免的。一个人在办公事的时候，在职场的时候，在当官的时候，在玩游戏的时候，在居家生活中的时候，在公众面前的时候，在面对自己的时候，在交朋结友的时候，在慷慨地招待女人的时候，都有一个自我在其中，一个人有那么多的自我，有时候连自己都搞不清楚，不知道在什么时候应该放纵哪一个自我，应该压抑哪一个自我，一个人周旋在如此众多的自我之中，很难照顾周全，一个人耗费的精力（包括金钱）和保持他在某个社会阶级中的体面，这些费用超出了他预算表中的任何一种费用。

这并不是因为他刚开始学会矫揉造作的时候需要极大的损耗，而是因为继续保持这种矫揉造作的消耗很大。很多人把世界称之为舞台，那是因为作为人类，我们多多少少都有一些做戏的色彩。但会演戏的人却是极少数的，大部分人都是无名小卒。在为人处事的时候，聪明的人就能看清他人的虚情假意，并判断他们的情意中有多少是假装的，有多少是真情流露。人们所说的"确定你的情意"，也就是说准备好去演戏。

因为我们所有人自身都带着做戏的色彩，再加上一些自我夸张，一些假装，一些欺瞒，就觉得自己很走运，不像我们不想提的倒霉蛋。所以我们可以用"矫揉造作"这个词去送给那些假惺惺的人——那些用所谓的"护身甲"或者用别的护身盔甲去掩盖自己内心真实人格的人。

造作作为一种宣示，表明自己想成为什么样的人，不想成为什么样的人。弗洛伊德揭示了人类的内心深处，让他们的庐山真面目显现出来。他探究出在人类毫不设防的时候，就会在梦里显示自己的欲望。说错了话，办砸了事，就如让小猫从袋子里跑出来，为所欲为，把平常掩饰的东西都显示出来。

当你碰到一个心怀坦荡的人，请你对他直言你对他有什么看法，你会告诉他吗？如果你真的告诉他了，那么你以后一定会悔恨的。弗洛伊德对心理的分析就是要把人的假面具揭下来，只是这种研究是科学性质的，而不能用来为人处事。

矫揉造作就是实现我们要达到的目的，或者是要让别人像我们想象的那样看待我们。这种造作不好说是一种夸张或者欺瞒的行为，假惺惺的人不能称之为骗子，也不能称之为冒牌货，他只是想成为自己想成为的人罢了。这一点和艺术有类似的地方，但并不是很像。但是那些人假装的时间太长了，至于在很多时候都忘了自己的真实面目，所以别人看不到真实的他。

　　而那些决心要带上假面具生活的人，用护身甲替代了自己的内心，我们是绝不会支持这种人的。事实上，他们的自我是变态的，他无法让自己和这个世界很好地融合在一起，假如他能在某些时候露出自己的真面目，而没有任何虚伪的地方，恐怕更加惹人喜爱，更令人尊重。

　　很多造作行为都是愚笨的，最让人同情的是，造作的人自己骗了自己，却觉得无人能看透这一点。如果一个人想要实现自己的愿望，那就要放弃任何造作的想法，所以你应该知道怎样表达自己的真实想法，这比假装自己是雕像的结果要好得多。

你为何会骂人

　　有这么一些普通人觉得不是问题的问题，然而，科学家却会竭尽全力去研究这些问题的答案。例如，树上掉下了一个苹果，牛顿就会自问："到底是什么力量让苹果从树上掉下来了呢？"所以他发现地心引力的规律；弗兰克林看到闪电就自问："闪电为什么会出现呢？"所以电力被他发现了；心理学家也会自问："我们为何会哭泣？我们为何要谩骂？"这些问题的答案也是有科学规律可以遵循的。

　　当一个人的感情压抑时，就会有一种力量在他身上产生出来，只有把这种感情发泄出去，他才能感到舒适。你无法一动不动地让这种感情留存在内心深处，这也是为何你会哭泣，你会谩骂。那是因为哭泣、欢笑或者谩骂能让你的痛苦减轻一点，让你感觉更舒服一点。

　　在女人难受的时候，或者是不顺心的时候，她们就喜欢痛哭流涕，用眼泪和发牢骚来让自己的痛苦减轻。牙科医生在帮你看病的时候不小心弄疼了你，你就会大喊大叫、竭力挣脱；在你极度兴奋的时候，你就会捧腹大笑，笑得椅子都摇摆了，笑得肚子都疼了；在你很感动的时候，你的情感也会体现出来。人们往往在发泄感情的时候会通过肌肉的运动来实现。

在人类所有情绪中，最激烈的情绪就是愤怒。在人们感情激烈的时候，就会渴望去打一架、抓一把或者咬一口。假如这些野兽般的行为无法得逞，那么他们就会用语言去发泄，这就代替了肌肉的运动。特别是在现今文明开放的社会，人们的很多情感都无法直截了当地发泄出来，所以一定会用别的可以替代的办法来发泄，这些激烈的情绪，我们暂时还无法在生活中找到合适的发泄渠道。

那些喜欢特别刺激的人，要是不能发泄自己的情绪，那么就一定会用其他的办法。生活中并非所有人都能遇到大喜大悲的事情，普通人也无法变成大英雄，再说，普通人的感情历史也就是平淡如水，所以人们就爱去看话剧和电影，这就可以替代所有强烈的情绪并且发泄出我们的怜悯心和英雄情结。我们观看喜剧，是因为想借此大笑一场，或者大哭一场，或者产生心灵的震撼，而后再发疯似的去拍手称快，以便让我们紧绷的情绪得以放松。

谩骂和愤怒是密切联系在一起的，在一个人愤怒的时候，他无法去和别人打架，也没有人会和他打架，那么他就会用相对温柔的办法——谩骂——去发泄自己的愤怒。最直白的谩骂包括："你这个该死的家伙，给我滚！"简单一点的谩骂，譬如在打不开门的时候，在领扣掉到地上的时候，或者等了很久也没有赶上班车的时候，人们就爱说："倒霉透了！"假如这么简单的谩骂都无法发泄情绪，那么他们的呼吸就会显得很急促，神情就会显得很愤怒。谩骂还有别的原因，例如，对某件事情非常重视，于是你希望在这件事情上表示自己的关心。这就是谩骂的另一个不太重要的用处——为了表示自己的关心，也就是说，为了突出某件事情的严重性，但这种严重性是用来表达愤怒的严重性。骂一个人是"让人厌恶的流氓"，这比骂一个人是"有点耍赖皮"要更严重一些。"真是不知羞耻"这句话包含了同情的意思，假如说"真丢脸"是一个很常见的说法，这样一来，夸一个女演员"很漂亮"，那就成了奉承之词了。关于这种问题，某些方面还可以深入研究，这就是为何我们会用语言去谩骂了。本来谩骂就是一种特别严重的指责，要是人们被咒骂了，就会认为被咒骂的事情会应验，因此所有人都愿意被人祝福，以逃避不幸。人们喜欢故意说："要是某件事情是在我身上发生的，那么我就洪福齐天了。"所以咒骂一个人就是为了让他害怕，最起码可以让他警醒，骂一个人的本意只是为了让他对你有所惧怕，但要是一个孩子骂了你，你反而不理他，那么他就会很失落。

要是咒骂涉及神明，那么这种咒骂是最令人恐惧的。人们一般都愿意用神的名义来发誓，直至今天，在西方法庭上作证，证人一般都用《圣经》的名义来发誓。如果事情比较普通，或者专门为了泄愤，用神的名义去诅咒一个人也不会使人恐惧。

世界上并没有一种通用的咒骂的语言，在我们碰到难处的时候，就会向神灵求助，德国人遇到极小的惊讶之处也会向神灵求助，大多数情况下都是用女性求助的语言。在人们确实很烦躁的时候，一般不会通过发誓的方式来祈求神灵。所以在美国议院，要是某个议员用一种不适合议院法的语言时，他会反驳说："誓言是一种毫无必要的亵渎神灵的语言。"事实上，他这么说也不是完全错了，与人类别的情感一样，咒骂也有自己独特的心理和惯性。

我为何无法做得更棒

我是一个速记员，曾经接受过很好的训练，速记能力很棒，而且也会用电脑打字，并且能让办公室变得秩序井然、有条不紊。我有过四年的工作经验，做过好几份工作，所有工作我都做得很成功，但也没有一件是完全成功的。假如我说，希望能得到升迁，或者已经找到了别的工作时，他们好像可以很容易就让我离开。我从来没有被工作单位开除过，也从来没有人可以发现我身上有多少缺点，当然也从来没有人称赞过我的工作能力。我以前赚到的工资，有时候会比现在的工资高一点，有时候会低一点。我好像总是无法达到我的目的。我很了解现在的上司，他是一个很随和而且从来不会轻易去得罪别人的人（我猜他是对女人有些害怕），他肯定很希望我能主动请辞。在我还没有找到新工作以前，我特别想了解，我到底是哪个方面出了问题，为何我们无法做得更棒？但是我也并非是一个失败的人。我深信，一定有无数个人像我现在这样，我可以回答你提出的任何问题，我确实渴望知道我为何不能做得更好。

——F. S.

这种情况只是无数人身上发生的其中一种，自从成千上万的女人可以参与工作以后，就产生了新的社会问题：把女人的性情变成像商业化的男人那样。其中有一些问题就是因为这种原因产生的。

就算男人和女人做同样的工作，他们办事的方法却不一样。在工作环境中，改变自己去适应别人，这就要求人有一种特殊的适应能力。特别是当一个女人要适应一个男人的时候，这种情况就变得更为困难。

快乐心理学

062

假如一个人既不是一点都不好，也不是特别好，那就应该清楚自己的体能是不是有问题。如果有问题的话，那就要想办法去解救。你是一个很健康的人吗？还是一个会经常感到疲惫的人呢？你的体力是不是不够？要是精力不够的话，这就是你总是无法获得很好的工作也不能做好工作的根源。

还有一种这样的情况，只不过这是一种关于男速记员而不是女速记员的情况。

我来自西班牙，20 年前，我来到了美国。我是一个优秀的速记员，我的英文和西班牙文都很棒。每个星期我都赚到 35 元，我最多就赚这么多了。但我永远都那么疲惫，我有点消化不良。如果我少吃一点，就会觉得舒服一些。但要是我喝咖啡的话，手就会颤抖不已。每天我顶多干 7 个小时的工作。我经常在午休时间跑回家里睡一觉，而后才有精力继续工作。下班后，晚上出去玩之前，我也需要先睡一觉。我经常想睡觉，我也曾经竭力去抵制疲惫感，然而我做不到。假如我的精力充沛，我就会很开心。

——S. P.

他最大的烦恼就是自己的疲惫，他是那种天生就疲惫的人之一，身体难免会有一些缺憾，谁能治好身体的疲惫就是神医。

普通人最容易忽视的就是在工作中包含的人与人之间的关系。售货员一定要有适应环境的能力，因为他经常要和很多人，只是也不必和每个人都保持长久的联系。而在厂里工作的工人只需要死板地生产一个产品中某个部分就足够了，因此，他工作只需要让上司满意就足够了，这一点和他是否需要适应环境并没有什么关系。

每当一份工作需要改变一个人的性格，以便更好地适应另一个人的时候，这份工作就变得相对困难了。很多老板对我说，类似于这种需要处理好人际关系的工作，困难就在于助理无法用老板的眼光来工作，如果用自己的眼光去工作，那么就无法让老板心满意足，而总是觉得工作中困难重重。一个助理要是能处理好个人的人际关系，这其中最难得的地方在于他可以帮老板节省时间和力气。这种助理的工作并非是独立的，而仅仅是他人工作的附庸，我深信很多人都可以很出色地继续做好既有的工作，但是很难再去做别的更大更好的工作，那是因为他很难去适应他人的工作习惯。一个女人的性情、爱好和工作习惯必然要和另一个男人相适应，当然不适应的可能性更大。那个女速记员无法适应工作需要，并不是因为她的速记才能有问题，而只是因为她的性格是女性的性格。

但是，速记是女人在工作中经常要用到的能力，至于为什么会这样，理由也有很多。因为这种工作的特点就要求人可以对具体入微的事情专心致志，这就如一种高级的家庭式管理的工作。工作是需要负责任的，并且每天的工作内容都不一样，每一部分工作都是整个工作过程中的一部分，那么多的邮件就如车轮中的很多齿轮。一个速记员或者记录员可以按照老板的吩咐办事，并且可以为老板考虑，那么就能更好地处理好自己的工作。

假如不能很好地适应这种环境，那么助理非但无法帮助老板，反而需要老板来照顾。因为他心里经常会担心他的女助理会把事情办砸，起码在某些事情上办不好。所以她就沦为了老板的负担，而并非一种促进的力量。如果 F. S. 和别的像她一样的女性，可以不把自己的工作当成是独立的，而只是为了减轻老板的负担，那么她们就能更好地参与工作。类似于这种速记员已经很优秀了，现在她只需再了解一些诀窍，那么她就可以做得更成功。

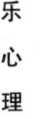

你是个被人讨厌的人吗

什么样的人才是一个被人讨厌的人呢？为什么会出现这样的人呢？听说，坚忍是一种美德，也是一种锻炼，我们首先要怜悯的是那些坚忍的人，而非那些让人厌恶的人。

举个例子来说，有两个人，即甲和乙，他们并非是天生就让人厌恶，然而甲总喜欢告诉乙一些索然无味的事情，所以乙很讨厌甲。有人提及，让人厌恶的最常见的事情就是，那些人永远都在说自己的家庭、经历、思想、感受、苦难、拯救办法、家中装备、旅游历程、理想等，但你却只想让他说和自己有关的所有事情。这其中有一些是正确的，然而绝大部分都是错误的，因为大体而言，甲（作为被讨厌者）和乙（作为讨厌者），这两者的智力和兴趣爱好都不一样，并且他们的基因组织也是不一样的。

被讨厌的人总是心胸狭隘，这是为什么他被人讨厌的原因。他在那条极为狭隘的道路上漫无边际地说自己的话，他不知道他人心里还有很多别的各种各样的兴趣爱好。这不只是心胸宽广的问题，也是一个很大的生存环境的问题，其中包含了很多问题，那就是你的智力大概的组织和分配，人的智力是需要恰如其分而又不偏不倚地运用。

这种平衡的关键点是最为重要的，在你脑海里储备的观念、方案、目的和爱好等，其中有一些非常重要，而另一些却并不是特别重要。不管你是想要述说一个故事，做一个结论，还是要举个例子，反驳一个理由，或者谈论一件事情，假如你的计划恰到好处，那么结果就一目了然，而且妙趣横生；假如你不知轻重，计划的都是一些鸡毛蒜皮的小事，那么结果就会索然无味，令人生厌。这两者中的前者是计划明确的，而后者却是由杂七杂八的东西拼凑出来的。

被讨厌的人非常乏味，他只有一种颜色，一种声调，做事情不分轻重，处处都堆积着不搭调的杂碎。他不懂怎样去清除一些东西，就如装满了一大箱子的食物准备去野外聚餐一样。他天生就有一个让人讨厌的智力。也许他也无可奈何，就如鱼离开了水，我们也不得不随他的心意，就像正在发声的乐器只能让街头寻欢作乐的人不断地弹奏一样。然而，要是那些寻欢作乐的人觉得这首乐曲特别动听，那么他就是"成功"地成了一个被讨厌的人——在他身边的人都以他为中心。

有一些人会费尽心思去逃避那些让人讨厌的人，这些心思原本可以用来做别的事情。有一次，我见到一群穿着得体的人正玩得开心的时候，某个让人讨厌的人从门外走进来了，所以那群人都借口说自己还有别的重要的事情都走了。这个人正是一个臭名昭彰的人，一直以来都让人无比讨厌。

然而，"讨厌"这个问题，和产生厌恶感的人以及被讨厌的人都有关联。假如我们可以养成兴趣广泛的习惯，那么我们就不会经常感到人家令我们厌恶。一个不学无术的人也会对自己感到厌恶。他无法体会各种各样的事情的乐趣，原因在于他本身就没有多少感兴趣的事情，即使有，也特别浅陋。

那些总是在寻欢作乐的人，都喜欢去电影院，去开车兜风，去购物，去找人聊天，或者是做恶作剧等，无非是想不再那么无聊。"现在我们要去做什么呢？"这句话总是被那些没有多少兴趣爱好的人所提起，而那些兴趣广泛的人却很少提出这样的问题。

另外，还有一种与之相反的极品人物，就是那些疲惫不堪的人，他所有的爱好都可以实现，人生中的所有的欢乐都已经享受殆尽。对于这种人，法国人给他们起了一个特别好听的名字，即"Blase"，对于容易产生厌恶感的人，法国人也为他们起了一个特别好听的名字，即"Ennui"。

打哈欠貌似天生就可以暗示对某个人的厌恶，在社交生活中，用打哈欠来表示对对方的厌恶特别方便。但我们平常又是多么努力地去防止自己打哈欠呢？这其实也是在浪费精力。

我们只可能对某一部分的事情产生兴趣，却无法对所有的事情都产生兴趣，这导致我们经常被别人讨厌，也经常去讨厌别人，这的确是无法避免的事情。勾引别人对自己的兴趣是一门高深的艺术，假如你说的话可以让别人对你产生兴趣而不是产生厌恶，那么这是一件很自豪的事情。我们都应该知道厌恶是怎么回事，然后才知道兴趣广泛多么让人怜爱。

别亏待自己

为何要当一个守财奴呢？这并非是一个"再向我提问一次"的游戏，这是一个有关人性的问题。吝啬表面上看起来貌似是一种储存癖，但是，事实上这种坏习惯比储存癖更加严重。吝啬并非是一种过度的节俭，尽管某些事情难以去评判对错。

一个大肆挥霍的人，他的钱袋就如被人烧了一个漏洞；而一个守财奴的钱袋除非用钳子来撬，否则是绝对打不开的。这两类的天性截然不同。前者表现得很透明，心态很自在，易于交朋结友，喜欢聊天、玩乐、欢笑，喜欢浪漫和娱乐方面的事情，他是绝对自由自在的，心里想到什么，就会去做什么，并擅长于张扬自我。而后者羞涩、逃避、犹豫、寡言，很难去表现自我，性格孤僻，习惯自我压抑。

你是一个擅长自我表现，还是擅长自我压抑的人呢？又或者如某些人一般，对于两种性格都兼而有之呢？

守财奴大多表现为一个遁世隐居、沉默寡言、孤苦伶仃的隐士形象，他真正的问题就出现在这里，而吝啬只不过是这种问题的表现形式罢了。守财奴不能再被当成普通人来看待，他比普通人更加羞涩，比害怕自己影子的人更变态。我们对这种人感到怜惜，原因在于他自己也并不愿意成为这种人。这样的人基本都是独身主义者，原因在于他无法自然而然地说出自己的爱意，或者他只有找到那种和他有着同样性格的人，才能永远生活在一起。

某些守财奴就像羞涩的人那样，心里也希望自己能够大方一点，但每当自己要表现自己的大方的时候，他们内心深处又有某种东西来阻止这种行动。某些人被别人叫作"一毛不拔"，但走到人生的尽头，却愿意把所有遗产都捐献给慈善机构，这证明他内心深处是一个善良的人，可是他天生就习惯了自我压抑，很难把内心想法表达出来。

如果一个人不轻易去结交朋友，那么他就会把存钱当成一种乐趣，原因在于他和别的所有人一样，都希望满足自己天性的需要。对于权力和地位，我们会表现出更多的热情。尽管金钱不能办到所有的事情，可是金钱可以在某种程度上让别人尊重自己，因为金钱意味着人生的功成名就。一个守财奴很难对一般的快乐心满意足，他天生就是这样，希望被人羡慕以满足自己天性的需要，这和他花一天时间去数钱一样快乐。

守财奴能通过某种小的生活习惯来形成。储存本来是一个好习惯，但是守财奴却变成了储存的奴隶。他为何要因为一点点浪费而心痛呢？这是因为浪费会打破他喜欢储存的生活习惯。守财奴把储存的目的和办法混淆在一起了，这是普通人觉得守财奴活得失败的根源。一个正常人会让自己变得更加活泼，更加大方。自然，人有时候也需要有分寸的压抑，储存就是这么一种压抑。然而比起存钱来说，还有更多更好的东西值得储存，也更重要。

大方是美国人的美德之一，这种快乐的德行也是发达国家必备的德行。然而，对美国北部人而言，他们在节俭和变通方面的名声一样很出众。只有那些真能理解金钱价值的人，才有可能协调地发展自己在节俭和大方这两个方面的德行。

吝啬的根源在于对金钱的过分崇拜。可以合情合理地花钱的人，意味着他天生就是坦率的、正直的、良好的人，而守财奴天生就发展不协调。

咖啡瘾

咖啡是一种流行全世界的最常见的刺激类食物，在法语中，咖啡又被称之为"Cafe"，用中文翻译过来就是"小餐馆"，即美国人所谓的"Cafeterla"。平均下来一百万美国人每天都能消费五十万杯咖啡，然而，在白天谁能想到"祈求上帝赐给我们每天需要的醒神药"呢？1650年以前，在欧洲西部，还没有人发现咖啡，就连茶也是最近才发现的。到了波士顿茶商起来闹革命的时候和美国的殖民地独立的时候，人们才发现了茶的好处。

尽管最开始喝咖啡的是土耳其人，而最开始喝茶的是中国人，但是，咖啡和茶现在已经成为西方饮食文化中必不可少的提神药。在这个方面来看，东西方并不是绝对隔离的，人类的爱好是大同小异的。咖啡就是这种适合人类心理需求的食物。

所以，咖啡对人类智力产生了什么影响，这一点值得我们去深入探个究竟。哥伦比亚大学的教授贺林华思曾经邀请了 16 个偏爱喝咖啡的人，进行了为期 40 天的科学实验。咖啡中的化学成分主要是咖啡因，一杯正常含量的咖啡只有两克咖啡因，同样的一杯茶，如果含量特别丰富，那里面就会含有 1.5 克咖啡因。有时候想象力也会和药物一样让人兴奋，很多人喝了咖啡就兴奋异常，以为是自己喝了咖啡的缘故，竟不知实际上自己喝的只是咖啡因而已。贺林华思教授在做实验的时候，把咖啡进行了特殊的加工，让被实验的人无法辨别其中是否加了咖啡因。他分别在每一杯咖啡中都加上 2 克到 6 克的咖啡因，就意味着 1 杯到 3 杯咖啡。被实验的人喝了咖啡之后，在一个小时内就会感觉到药效的作用，按照不同的份量，这种作用可以保持 1 小时到 4 小时不等。

尽管我们无法确定提神药对大脑到底产生了什么影响，然而，很多药物刚开始会让人兴奋异常，心跳很快，等到药力消退的时候，精神也会越来越低沉，乃至最后会变得萎靡不振或者昏迷不醒。爱喝酒也是因为被酒精刺激的时候，刚开始会兴奋异常，接着就喝醉了，甚至大醉不醒，直到次日清晨，仍会感到头晕，然后变得颓废不堪。

但是，咖啡却不会产生像酒精那样的不良反应，尽管咖啡的药效较弱的时候会让人变得兴奋，较强的时候会让人昏迷过去，然而，一杯咖啡对于很多正常人而言，是有百利而无一害的。但是两杯咖啡就会对人体产生不良影响，三杯咖啡就会损害人的智力。空腹喝咖啡会对人体产

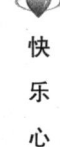

生更大的影响，这就是为什么某些人刚起床就要喝咖啡，而另一些人只在吃完晚饭以后才喝咖啡。

实验证明，咖啡对肌肉会产生影响，如在轻击的时候，人的反应是否既快又准，用手围绕花纹活动的时候，是否能保持稳定等。其次，咖啡对智力也会产生影响，如辨别颜色、默算、对简单问题的回答，乃至选择一件事情、打字、写文章等更复杂的事情。最后，咖啡还会对人的睡眠质量产生影响。尽管咖啡能够让人产生轻松的感觉，然而咖啡无法让手力变得稳定。所以做珠宝生意的人，还有做外科手术的医生，是禁止喝咖啡的，但一个熬夜上班的记者在疲惫的时候，是能够用咖啡来提神并接着工作的。

至于喝多少咖啡，这是要看不同的人所需要的药效才能确定的。相比瘦弱的人而言，人高马大的人就可以用量多一些，在合理范围内，喝咖啡不会产生什么坏处。

总之，一般情况下，咖啡并非一种对人体有害的饮料，只是对很多成年人以及全世界的孩子们而言，他们最好别喝咖啡。而对于某一部分的人而言，适当地喝一些咖啡是有益无害的。实际上，喝咖啡更多是出于一种心理习惯，而并不是出于一种饮食习惯。而从社会习俗的角度而言，人类对提神药的需要这一点在喝咖啡的历史上占了很大一部分。

锻炼记忆

很多健忘的人和很多增强记忆力的办法全部都犯了同样的毛病，即把人脑当成一个杂货店，把记忆当成杂货店中的某个部分，比如说，当成了发货部，并认为如果自己记忆力不强的话，就是因为这个部分的工作效率出了问题。

实际上，人脑并非是如杂货店那样。比如说，某个部分专门卖鞋，某个部分专门卖帽子，某个部分专门负责卖锅碗瓢盆，等等。尽管某些人的心就如杂货店那样繁杂，然而，记忆并非是某个部门，也不是某种工作，记忆仅仅是一个能促进人们去理解思维功能的名词罢了。

要是你突然忘了一个人的名字，你就会说："让我再想想。"你说"想想"的时候其实就已经在回忆之中了，也许是因为你在回忆的时候经常什么也想不起来，所以你觉得自己的记忆力很差。实际上，你想不起某些事情，也许是因为你的心理习惯在作祟，特别是当你注意力不够集中的时候，最容易产生这种感觉，原因在于能不能想起某件事情的关键在于注意力是否足够集中。如果你一开始就对某件事情的印象不够清晰，那么你肯定无法长时间地记住这件事情。有一些人生来就具备了耳聪目明和头脑精明的条件，脑子里存进去的所有东西都能保存下来。正常情况下，人们会觉得记忆力是无法改变的，就像人的身高无法改变一样，然而，你能把工作中必须要记住的东西进行严谨的组织。你要做到这一点，那么很多增强记忆力的练习方法也许都能促进你更快地提高记忆力。皮尔写的《记忆和健忘》就是这方面最好的教材。

既然记忆只是你的智力组织和工作习惯所需要的东西之一，那么你就应该把记忆当成一种必需品和宝贵的东西，因为记忆可以有助于提高你的思考力。而且所有的思想和见识都是同样地具备了选择性。如果你无法忽略掉在大街上或者商店里所看到的所有东西，你就无法做好自己的事情，如果你记得你见过的所有东西，那么你的头脑就会成为一艘破旧的船或者一个百货商店。为了铭记我们需要记住的东西，就必须忘记别的东西，而这其中最关键的一点是，你需要很好地整理自己的记忆。

我们忽视了记忆是有组织性的。我肯定会记住所有熟人的名字，然而肯定不必去记我乘坐过的所有火车叫什么名字，这一点对我来说是多余的。历史上那些不重要的年代，我也记不住，尽管记住人的名字和日期会比较有趣，也可以当成记忆游戏来玩。最关键的是对智力的训练，而对记忆的训练只是智力训练的附加品。

自然，要做好一件事情，最关键的地方在于弄明白做这件事情的每个步骤，按步骤小心翼翼地做完。比如说，你要蒸一个馒头，那么你就一定要先学着和面、揉面、掌握火候等，然后才能蒸好一个馒头。假如这些步骤出了问题，那么就不能蒸好馒头，但思想和蒸馒头是两件截然不同的事情。

所以，你应该认真检查你的心理习惯，你对事物是细心观察呢，还是满不在乎呢？你平常是粗心大意呢，还是有如一盏明灯呢？你平时是专心致志，还是恍恍惚惚呢？在这些问题上，你不得不遵循自己的心理习惯，让你的习惯去适应你的工作需要。但最重要的是要有组织和方法，在很多问题上，对记忆的组织百利而无一害，但绝大多数人都无法把这种好处运用到实际工作中。

假如你只是单单对某一种工作提出了这样的问题，那么你就能看得更明白。如"阅读法"就是这种问题中的一个，很多让人受益匪浅的书都提到了这一点。从阅读法中，你可以获知训练智力的办法，也可以获知训练记忆的办法，在其他的工作中，你同样也会受益匪浅。

你是一个容易上当受骗的人吗

"别相信你的直觉"，这个忠告是愚蠢的，原因在于很多事情我们都需要靠直觉去判断。"你自己去实践，并参考专家的意见。"这个忠告是明智的，原因在于凭借自己的实践和专家的建议，你就能更清楚地了解事情的真相。假如你的感官天生就很敏感，那么再训练一下，绝对可以变得更加聪明，而且所有人都可以接受这样的训练。

专家可以辨别出极为微小的差异，而这种差异是那些没有接受专业训练的人感受不到的，一是因为他们懂得怎样去辨别，二是因为他们有能力去观察并且发现差别。普通人对这种差别视而不见，听而不闻。在你第一次用显微镜或者望远镜的时候，你基本上看不到什么东西，所以你必须一点一点地学会去观察细微的事物。

另外，专家和普通人有一个最大的差别——能否既对事物有大致印象，又对事物有细微观察。这就如一个在银行工作的人，尽管经手的钱很多，但他仍然可以马上发现有问题的钱。尽管他不知道什么地方不对劲，但他仍然可以发现这张钞票不对劲。假如他面对的是一枚硬币，那么他就可以发现这枚硬币有问题，在经过仔细的敲打之后，他就可以分辨出硬币的真假。首先，他对一张假的钞票本来就有大概印象，接着他再检查几种特别标记，像钞票上的纹路、刻印、印记和号码，他可以用不同的方法来检查。经他手的钞票不计其数，所以他心里自然会有一系列的标准，可以辨别出钞票的真伪。

但对于在一张支票上的签名，银行工作人员就无法全部记住所有存款人的字迹。所以有时候，他也会上当受骗，接受一张被人假造的支票。签名笔迹往往没有太大的差别，假如你需要同时辨别出好几个签名笔迹，那么最容易的办法就是去观察这些字迹的笔画形式是否存在特别明显的差别。用手写出来的字和用电脑打印出来的字，这两者之间的差异特别大，然而，有些波纹电脑可以让打印出来的字看起来就像人手写出来的。因为无法辨别出手写签名和打印签名而上当受骗，这纯粹是个人问题。

辨别桦木和桃花心木，无法用标尺来衡量，也不能用记号来区别。只需要对这两类木质有大概印象，就能轻而易举地加以辨别。一个木匠只要在置放木板的屋子里经过，就可以轻易地在桦木中分辨出桃花心木，而且还可以分辨桃花心木是来自墨西哥还是来自非洲，并且还能分辨出那些木板都是源自树木的哪个位置。

我们可以从以上所述清楚地了解，印象就如一本书，书中有很多细节，其中有一些细节是能够判断对错的，而另一些细节只能获取正确的概念。总而言之，任何一个职业都需要去分辨真假。就算是一个医生，在面对要求赔钱的伤员的时候，也要认真检查他是真的受伤了，还是在招摇撞骗。

生活在现代的人们，每一天都会接触到许多事物，因此必须具备足够的观察力。很多奇珍异宝和名家名画都有假货，招摇撞骗的人就用假货去骗取巨额钱财。在很多广告词中都会发现这样一句话——"认清商标，谨防假冒"。然而，假如你已经吃过一次亏，被人骗了钱，你就能学会怎样去分辨真假，别再第二次上当受骗了。

现代社会里，一个人最起码要学会分辨日用品的真伪。他应该成为一个花钱的专家，买到货真价实的物品才能让身心舒适。我们自然无法在所有事情上都变成专家，甚至也特别难以在几件事情上都成为专家，所以我们应该清楚何时可以信任专家。这个纷纷扰扰的世界是需要各种各样的专家来促其前进的。然而，就另一个角度而言，如果世上不存在骗子，那么我们的知觉也无法被训练得那么灵敏。

被人重视的满足感

如果有人突然向你提问，而你作为一个心理学家，一定要立即回答他，那么你不得不暂时冒险回答他，之后再进行深思。曾经有人突然向我提出了这样一个问题："人类的终极奋斗目的是什么？"我回答说："被人重视。"那么你的回答呢？

同别的很多重要的事情一样，人类很久以前就自命不凡，但理想实现的时候，好像又感觉并没有得到足够的尊重。在家庭生活中，婴儿是最受重视的人，在他的世界里，只有自己是最重要的。然而，当孩子开始明白自己需要被人重视的时候，他就感觉到自己好像被人忽视了。所以他必须去做一些事情去引起他人的注意，他想做那件事情中的主角。类似于"我在做这件事情……你现在快来注意我啊！"的心理，也就是渴望得到别人的关注。很多人认为孩子不愿意吃东西的原因在于他淘气地想吸引他人的注意力，并自得其乐。在很多别的行为中，他们也体现出这样的心态。在男孩们学着玩打仗游戏的时候，所有人都希望成为大将军，成为首领，却没有人愿意做一个无名小卒。

在所有的事情上，我们都渴望被人重视，但是，假如无法获得他人的帮助，我们也就无法完全获得满足感。渴望被人重视的人会有各种各样的行为举止。譬如，甲这个人一向循规蹈矩，偏见颇多，又很严肃，不易亲近，让人觉得很虚伪，他要用这些行为举止和为人处事的态度来体现自己的尊严；而乙却往往一副匆匆忙忙的样子，原因在于他希望你明白他的时间多么珍贵；丙总是看着写给他的很多信，嘴上埋怨这些信对自己的不利影响，实际上，他只是想让你明白自己多么重要，是那么多人经常给他写信；丁经常爱提起自己的好朋友汤姆和亨利，实际上，他是想说明自己的地位有多高。

人们特别喜欢用官衔和职位来表明自己多么重要，那些头衔如将军、会长和经理等都是很有震慑力的，发号施令最能体现自己的尊严和高贵。在那些被你指挥的人眼里，徽章、制服和指挥等都标志着自己的权力和地位。而那些权力越是微弱的人，越喜欢去张扬自己的尊贵。很多人认为海关工作人员很有权力，因为他们可以决定你是否能过关，他具备真正的权力。而酒店工作的前台人员或者是贵宾厅的工作人员也让人觉得尊贵，让你认为酒店就是他们自己的。开电梯的人只要特意稍稍停留一下，你马上就会感到他们有多么重要。原因在于，就算是最伟大的人，没有电梯工作人员的允许，都无法上楼去自己尊贵的办公室工作。

报社作为一个重要的事业单位，很多人绞尽脑汁想在报刊的社会版、商业版和体育版等版面张扬自己的声誉。但是，真正的伟人却竭力避开人群，并以此体现出自己有多么重要。你要通过一级又一级的官员，然后才可以见到最高级别的长官。另外，像古时候那种镶上银子的马车，还有现代社会的银行支票以及奢华的汽车，都能体现出人的尊贵。这种游戏是人类的最爱，其实这些东西基本上都没有任何价值。就这种人性而言，因为我们总是希望获得物质生活的满足，体现自己的威望，所以我们特别需要别人来衬托自己的尊贵。其实人生最关键的一点是要尽最大努力去向未来进发，而不必计较所谓的虚荣心是不是足够伟大。

我们永远也不能成为最尊贵的人，所以我们永远都希望比他人更尊贵。世上必然会有一些凡夫俗子去反衬那些伟人，生活只能是这样，才能维持自身的平衡。原因在于所有人都可以在自己的生活圈里找到自己的重要性，所以所有人都多多少少地可以满足自己的虚荣心，尽管这种满足感可能会极为微弱。

　　人们活着就如做了一个实验，所有人都有一系列自以为是的标准。如果我们可以看清真正对自己重要的东西，那么我们的精神状态就会变得很舒适。正确地认识我们身边的事物，这才是我们真正要做的重要事情。

摆脱自卑的阴影

　　你的思想观念会在何种程度上影响到事实呢？你的信心什么时候可以移动山峦，什么时候连小土堆都可以阻止你前进的脚步呢？

　　我们当然会因为过度思虑而变得越来越烦恼，就像要把小土堆变成山峦一样。同理，如果我们用宽容的心态去处理问题，那么就可以冲破阻碍，虽然不会让山峦变成小土堆那么小，但至少可以从煤堆上一跃而过吧！思维的能力最重要的一点在于做或者不做，但与此同时，还必须有一定的限制，对那些无能为力的事情抱有麻木的快乐，自欺欺人，那就是愚蠢至极了。

　　不要目光短浅地认为世上所有的事情只是这样而已。如果你这么认为，那么你就会受到宿命主义的坏影响，而忽略奋斗主义的好影响，弗洛伊德认为这就是神经过敏和心理问题的根源。

快乐心理学

　　尽管你可以穿上高跟皮鞋，但你仍然无法因此让身体和心理两个方面都得到提高，世界上也没有一种公式可以让你做到这一点。暗示不但是一种运用广泛的良好的治疗方式，同时也是一种健康的促进方式。你应该用全部的自信心去跨跃每一个鸿沟，但是在你跨跃之前，就应该具备选择鸿沟的眼光。如果你很有把握获得成功，你就不会干得特别努力。如果你很清楚自己肯定会失败，那么你就会认为这种尝试并不值得，结果一定是得不偿失。从人类心理的角度来看，你正处于犹豫太多和过于懦弱之间，这就是为什么实用心理学认为这是一种特别精神化的科学的原因。

　　人类所犯的最常见的错误就是爱走极端，你觉得有些事情会因为心态乐观和自信心而更能促进事物的发展，所以你就觉得这是最好的办法，并把这种方法作为自己人生哲学的唯一方向。你觉得所有的成功都是源于强烈的信仰、坚定和勤奋，这确实是犯了极端主义的错误。当今社会，并不需要有人站在播音台上催逼人们去奋斗向前，而是需要恰当的友善的诱导，引导人们学会怎样去尝试新事物。

　　一个人要是有高尚的理想和坚定的意志，并坚信自己可以成功，那么这些因素都是可以促进他走向成功的。然而，自欺欺人和肆无忌惮的欺诈，却会妨碍人的成功。那些所谓的"新思想家"其实只是沿用了旧道德，并走上旧道德的另一个极端。新思想还不如明智的思想对人更有利，因为在那些新思想之中，存在很多错误的思想。

　　所以，我们尝尽了所有忍无可忍的失败之痛，并且还有一种始料未及的失落感。"在生机勃勃的年轻人的字典里，好像没有'失败'这两个字。"但是，在中年人的暮气沉沉的字典中，好像满篇都是"失败"这两个字。所有真正懂得自我批评的人，好像总认为自己的一生太失败了，从而遮盖了他很多已经实现了的小成就。

对于伟大成就而言，自卑的确是一种真正的妨碍。维亚纳的爱德勒博士所研究的心理学，就是完全按照这种理论进行的。他认为一个人身体存在什么缺陷，就会成为他的起点，接着这种自卑感就会真正地妨碍他的发展。这种自卑感也许是真实存在的，像种族和宗教偏见那样，也许完全是出于幻想。

奇妙的内分泌

我目前正研究内分泌腺，但我很怀疑自己的研究到底是不是正确的。有一些人会很肯定地说，我们的性格取决于我们的内分泌腺，这句话是不是认为我们对自己的行为举止毫无约束力呢？请你做一个说明。

——一个来自心理学系的学生

答案当然是否定的，也就是说，你身上的某个部分，你体内的血液循环，你的肺部功能，还有你的消化功能，特别是你的神经系统和腺液系统，这些对于你的性格和能力的形成，对你的每个部位都有特别的重要影响。近来有学者研究发现，那些内分泌腺产生的影响取决于当时的具体情况。

一个身体健康的人的内分泌功能产生的影响不是确定的，这让我们如木偶一般，需要用内分泌腺引导。举个例子来说，你的颌腺下面有一个部分能决定你的身高，但是与此同时，还有很多其他的因素也会影响你的身高。当然，你无法改变你的遗传基因所决定的身高，然而，你能让自己的身高发展到最大限度，或者你也可以忽视这个问题。

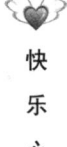

快
乐
心
理
学

　　肉中有灵，就如灵中有肉那样，你是灵肉一体的。也许你还不只是这样，但科学还无法证明这一点。你的思想运用了你的神经系统，当你的神经系统受到重伤的时候，思想也会戛然而止；如果受伤不是很严重的话，思想就会发生错乱。但是你的神经系统依然是你身体的一个部分，是在血流的带动下发生的。假如你头部的血管破裂了，那么你就会觉得头昏眼花，假如血液凝固了，那么你的思维就会混乱。然而你的神经系统是自然界最复杂的东西，它的作用机制也是最为复杂的。其中有一部分神经系统是由腺液来控制的，在这些腺液当中有一个特别小的位于颈项之前的叫作颌下腺，这个器官的功能特别奇妙。

　　一个人要是得了痴呆症，那么他就变成了一个低能的人，那么他的心智和四岁小孩差不多，但是却没有一个四岁小孩应该具备的所有讨人喜欢的地方。然而，假如他吃下羊身上的颌下腺，那么他就可以再度长高，外形和相貌都会变得比以前更加生机勃勃，他的舌头不再像以前那样从嘴里露出来，他的头发和手也不再像从前那般粗野，他可以开始表达自己的感觉和爱好。他能变得更好，但无法像正常人那样，原因在于他身上也许还存在其他的问题。然而，不管从哪个方面来说，他成为了一个全新的人——他身上那些先天性的缺点都通过后天人为地弥补了。所以我们了解到了颌下腺的内分泌是正常身体发育所必需的东西。

　　在女性中往往会产生这种性格被改变的病症：一个原来既聪明又能干，既热情又有同情心的女孩子，随着时间的推移，所有这些特点都会渐渐地泯灭，从而变得愚蠢、冷漠、得过且过，既不快乐也不烦恼，一副无知无畏的样子，而且还会伴随脱发的现象，皮肤也变得浮肿起来，使得之前的身体组织发生了改变。要是吃下颌下腺就能让这种病症恢复。医学博士迈尔森这样说道："以前从未有过一个仙道指挥他的魔棒，就能产生这么大的奇迹，因为患者在第一次用药的时候就能立马见效，并且在短时间内就可以恢复过来，然后再成为一个皮肤健康，头发不再脱落，心智和性情都恢复正常的人！"他相信心理问题和生理问题有着密切的联系，颌下腺真的是一种巧妙的腺体。

缺少这种内分泌腺，会导致痴呆症，而颌下腺活动过于频繁，会产生的其他病症，譬如喜欢到处活动，身体变得瘦弱，心跳过快，战栗不安，胃部不适，失眠，喜怒无常，做事不坚定，没有自制力等。假如这些现象经常发生，颌下腺就会肿得很大，从而变得像鹅的喉咙那么大。要是外科医生能帮助清除其中一部分腺液，并让腺液的活动恢复正常，那么患者自然药到病除。但是，如果清除的腺液过多了，又会产生新的病症，那么就需要另外补充一些腺液了。

另有一些人既不爱活动，也无法努力工作，既愚蠢又无精打采，而且做事情特别懈怠，这就是因为他们的颌下腺分泌不够，特别是对于青年女性来说更是如此。只要多吃一些腺液就可以药到病除。还有一些人的颌下腺并没有活动得很频繁，然而他们却易于兴奋过度、喜怒无常、意气用事，这种歇斯底里的行为说不定也是和腺液活动有关。

颌下腺只是这些奇妙的腺液中的一种，在人生的舞台上，它们操控着人们扮演各种各样的角色。其他腺液在人的各个年龄阶段有着不一样的功能，而且都和别的生长变化紧密地联系着。

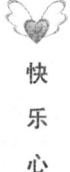

正常状态是需要凭借内分泌的平衡来获得的，内分泌如果失调，就会导致身体和心理各个方面都出问题。原因在于我们是伴随着内分泌的缺少而变老的，所以我们总是渴望改变我们的腺液而重返青春，人们很久以前就考虑过用神奇的办法来实现这种想法。心理学对腺液的研究是非常重要的，但有关这个问题的很多方面仍然需要深入研究。

梦境带来的烦恼

我并非是一个迷信的人，然而，我总是无法忘记一件事，那就是我总是喜欢去关注自己做过的梦。我觉得梦是一种征兆，只要我梦见家里发生了灾难，那么第二天醒来我就一定要出去散心。我经常产生这样的想法：如果我这么做，或者我去哪里，就会发生什么事情，我无法控制自己不去想这些事情。总而言之，我觉得我比较容易产生恐惧心理，我该怎样去克服梦境带来的困扰呢？

——一个焦虑症患者

我遇到的这种问题不多，我遇到的大多数都是总结性的问题。譬如，你相信梦中发生的事情吗？梦会变成现实吗？……然而，我知道问这种问题的人都带着一样的心情——一种骚乱的恐惧感，总以为梦中发生的事情就是未来的先兆。从心理健康角度来看，这当然并非一种好的现象。在各种各样的病症中，对于梦进行理论研究就是最有效的解药，原因在于梦境本身就是一种趣味横生的心理学，这一点有很多事实可以用来证实。

假如一个人梦见了非常令人恐惧的事情，譬如梦到自己患上了盲肠炎，然后被人送到医院去做了手术。过了一两天，身体真的出现了疼痛的现象，这就是因为一开始产生这种痛苦时候，就已经在梦中觉察到了，所以才会梦见自己去做开刀手术。

一个工程师在加拿大郊外梦到了很不吉利的事情，他在梦里好像感觉自己的家人全部都去世了。于是他第二天醒来之后一直都很难受，也许是因为太难受的原因，他每天晚上都做这个梦。因此他无法气定神闲地生活。尽管他不相信自己的梦，但是他不能控制自己不去担心。所以他就决定千里迢迢回家一趟，结果他发现家里人都过得很健康，很平安。假如每个人在做了这种梦或者别的可怕的梦以后都能完整地记录下来，而且发现每次记录下来的事情和现实中所发生的事情截然不同的时候，就可以让很多人摆脱梦境带来的烦恼。

如果你特地去咨询一个心理学家，他就能详详细细地解释你的梦境，并且告知你为何会做这种梦。其实，这个工程师是因为对家人对待他的态度不满意而做了这种梦。他知道，家人总认为他不应该去很遥远的地方去工作就能很好地发展自己的事业。所以，一封家信就让他觉得痛苦不堪，他巴不得全家人都离他而去就好了。这种想法不会变成现实，也只能在梦境中扭曲地发生了。他为这个梦境而烦恼的原因在于自己从中感到了愧疚和不安。

曾经还发生过一件事情，其中说到一个女学生在大学里参加一个大学生辩论会，在会上所有和她持有相同立场的人都在袖子上挂上一个小小的红色的盾牌。所以当晚，她就梦到自己的母亲死了，而一块红颜色的大大的盾牌就被人钉在墙壁上。她做这样的梦并不奇怪，原因在于她的母亲原本就得了重病。所以她回到家里，情不自禁地把她的那块红色的盾牌钉在墙壁上。之后她的母亲真的死了，她就觉得母亲死去的一部分原因是自己造成的，后来她一生都无法忍受看见红色的东西，就这样她把梦境和现实混淆在一起了，让梦变成生活中的一个部分，从而干扰到她的正常行为。

有时候，梦境会非常清晰，假如梦中发生的事情和心中所想是一样的，那么就会让人觉得这个梦已经成为现实生活中的一个部分。有一个疗养院的管理员，因为院里的一个患者逃走了，回家先杀了自己的妻子，后来自杀了，所以这个管理员就很自责。在法庭审判的时候，他自我检讨说，曾经有人警告过他，不能对患者特殊对待，更不能让患者跑出去。然而这只是他的一个梦而已。他为了这个患者的悲剧极为痛苦，甚至因此无法正常上班。他做这个梦的原因就在于他过度忧虑，总觉得是自己的过错造成了悲剧。

一般情况下，身体健康的人是不会把梦当真的。我们会说："这仅仅是一个梦罢了。"假如说到了一件令人恐惧的事情，你也许会说："我不会做这样的梦。"也就是说，就算你现在在梦里，你也肯定不会这样去做的。但实际上，也许你只是白天不会这样做罢了，而你晚上在梦里却依然可能会这样做。

弗洛伊德觉得，只要是我们潜意识想要去表达的思想或者想要去实现的愿望，我们都不会用实际行动表现出来，因为这样做了就会违背道德，所以有时候就会冲破阻碍，从而在梦中体现出来。因此，很多弗洛伊德主义者会检测一群神经错乱的人的梦，并以此记录他们的恐惧心理，这种恐惧心理就像鬼魅那样，害怕在光天化日之下出来游荡。

上述解释有一定的道理，可以说明为何梦有时候会变成现实。而原本梦是由潜意识产生的，绝大多数梦境是不可能变成现实的，它们仅仅是让那些在白天思虑太过的人有机会可以去梦中发泄自己的所思所想。假如你可以用这种理性的方式去理解自己的梦，那么你就不会再害怕噩梦，觉得梦是不吉利的征兆。为何不想想那些快乐的梦，当快乐的梦变成现实的时候会不会让你更快乐呢？

人的依赖性可以医治吗

有什么办法可以治愈人的依赖性呢？我所说的依赖性，不是说以前那些女人在决定事情或者支配钱财的时候都要依赖丈夫的依赖性，在这一点上，她们已经痊愈了。从我的角度来看，我自己也要管好自己的家事，而且我做得很不错。从我失去丈夫以后，我就去经商了。目前我在一家百货商店工作，要管好一群女员工。在购物方面，我的经验永远都很丰富，我总觉得，任何一个商店，如果有一个员工的购物经验非常丰富，那么别的员工在碰到任何一种难处的时候，都会去依赖他来解决问题。目前我就碰到了这样的问题，有一些女员工在购物方面不是很在行，然而，如果我把她们都辞退了，又没办法找到更好的员工来代替，这就是对别人产生依赖性的坏习惯。只要有人咨询任何事情，这些员工肯定要把问题推到别人身上。我应该采取什么办法才可以让她们学会独立地去解决问题呢？

——一位百货商店的部门经理

这个问题特别迫切，而且这个问题不仅仅发生在百货商店和其中的店员身上。怎样去消除人身上的这种劣质的依赖性呢？重视对人的教育对于解决这个问题特别重要。当人们还是小孩子的时候，这种依赖性是天生的，小孩子总是拖着妈妈的围裙。有一些人产生依赖性是因为没有受到好的教育，没有人教他们独立去奋斗。很久以前，女性的依赖性是一种优秀的品德，那时候大家都希望女性有依赖心理，并遵循习俗的教导。然而，一般的依赖性的确是很容易就能形成的习惯。也许这些女员工在安排自己的时间和寻找自己的乐趣上表现得很独立。很多人会刻意去训练自己的智力，为此而去咨询专家，这肯定会比自己去研究更简单。

对于老师而言，这种依赖性特别让人烦恼。如果一个班集体中，出现一个聪明的小孩子，他就会被一群依赖性很强的同学不停地提问。之所以要重视这种事情，是因为这种事情早已司空见惯。人们身上早就出现了这种依赖性，就像树上的枝条垂下来的时候，甚至会连累树也弯下腰来。在这种依赖性还没有干扰到这些女员工的工作之前，肯定在多年以前就有了这样的坏习惯。

从治愈依赖性的角度来说，我还不知道有什么很有效的办法，因为一般人并不觉得这种习惯是一种坏习惯。然而，在培养年轻人健全心理习惯的过程中，独立就是让精神变得舒适的一个因素，一般经常用到的教学法大多是问答法，事实上，自主研究法会产生更好的效果。运用自主研究法的一个方法就是自问自答，"再向我提一个问题"如今应变成"再向自己提一个问题"。要知道人生的道路上并没有一本万能的书，因此，当今社会的"新教学法"只能提出问题，而学生不得不自己去找出答案，还可以激励他们去向自己提问，养成自己提问并自己解答的习惯，所有人都应该养成这种自主研究的习惯。

然而与此同时，我们也不要忘记，我们的脑袋就像一个杂货店，每个部门的行为方式都截然不同。一个人可能会在一件事情上很独立，却在另一件事情上很有依赖性。这里有个例子说的就是这种情况：曾经有一个女人在工作的时候特别独立，她的工作是有关于社会事业的，她可以安排好自己的工作，并付诸实践。这是因为在工作场合中，别人都会依赖她去解决问题。但是，一旦回到家中，她就变成了那种只会对母亲喊叫："那件衣服弄好了吗？""妹妹有没有看到我的雨伞？""某人，请你回复一个电话行吗?""他的电话号码是什么呢?"因此她在工作场合和在家里有两种不同的习惯,而这两种习惯在她的脑海中是隶属于不同的部门。如果她可以把工作习惯运用到家庭生活中,那么她就可以算得上是一个完全独立的人。

此外,还有一个办法可以治愈人的依赖性,但是这个办法可能会对老板和部门经理造成错误的印象,也就是觉得不依赖他人是一种自豪。有人往往会这么想,只要是去向别人请教自己也有能力解决的问题,是很羞耻的事情。向别人提出愚蠢的问题会更加证明自己的愚蠢。你应该训练自己不去向别人提问就能自己研究出答案的自豪感,然而在碰到很重要的事情的时候,仍然需要去请教很有经验的人。当然,你不能过分自闭,一点也不请教他人,只靠着自己那一点知识就把事情弄得更糟糕。

所有的好习惯都不会走极端,而是恰如其分。学习未知的事物是教育的首要步骤,然而,并非是教育的最后一步。有人写过一本书《聪明是一种道德的义务》,这本书的题目特别有道理。尽情地发挥你的聪明才智,就像你极力控制自己的行为举止一样,都是你的义务。如果你可以让女员工感受到自己的聪明才智,就像让她们为自己的美貌而自豪一样,那么这个问题就迎刃而解了。

实际上这是态度的问题,也就是指我们面对问题的时候怀有什么样的心态。只要那些有依赖性的人有一个自立的心态,那么他们就会独立地去解决问题。工作的价值就在于它可以锻炼人的责任心和独立的意志。安提亚克大学的学生都是一边工作,一边读书,他们用五个星期的时间去做图书出版类的工作,这样的锻炼能够让学生在工作中学会自立,与此同时,他又可以完成自己的学业。在这样一个事务繁多而责任重大的世界上,极少有一个地方允许人们去纵容自己的依赖性。

"差不多的人"得了什么病

在所有伟大而光荣的感受中，让自己最满意的感觉就是可以帮助别人摆脱困境。人类叫得最大的声音就是："救救我啊！救救我啊！"这种求救声可以唤醒所有的人，不管他们是戴着红十字架的工作人员，还是喜欢帮助他人的普通人。然而，世界上还有很多事，即使你想尽了一切办法，却仍然帮不上忙。同样还有一些事情，即使你去帮了，但最后还是失败了，所以你就会谦卑地解释道："我的确是无能为力了。"这种无可奈何的事情，也只能认命了。世间的事物都不是十全十美的，所以在生活中，我们一定要学会知足。

不管谁对另一个人说话，最后一句无可奈何的话总是："我真的拿你没辙了。"原因在于我们根本没有能力去帮助他们。从精神病专家的角度来看，有一群人无可奈何地沦为了"差不多的人"，他们的精神永远不得安宁。

《差不多的人》作为一本书的名字，主要描述了中等智力以下或者智力残缺的人。然而，这个名词解释还可以引申开来，指代谋生过程中惨败而归的贫民阶级。世界上并非一种办法可以拯救人的贫穷，同理，世界上也没有一种办法，可以拯救精神的匮乏。

如果那些精神病专家，或者那些声称能治愈精神病的牧师，可以带上满是药方的袋子，去分发给那些精神匮乏的人，那就皆大欢喜了。我们也希望用这样接济的办法，让贫穷的人在物质上帮助自己摆脱困境。

把很多"差不多的人"放在一块做一个比较，不管他们互相之间多么不一样，然而总有几样东西是大家都有的。大家都觉得自己可以成就一番更好的事业，他们往往会把某一个问题或者某一个不对劲的地方当成是自己成功的绊脚石。这个绊脚石就是"差不多"——只要清除这个障碍，那就没有后顾之忧，畅行无阻了。很多人缺乏的一点也许就是全神贯注，因为我们多多少少总是可以感觉到无法全神贯注的烦恼。所以专注就变成了一种令人渴慕的东西。应该铲除这种阻碍，之后才能真正痊愈。

就现代心理学而言，专注就是让精神放松的最重要的因素。如果一个跛脚的人对你说，假如他可以正常行走，他完全就是一个正常人，当然你也很赞同他的观点，并希望尽力去帮他像正常人一样生活。世界上有不计其数的人无法正常行走，同理，也有不计其数的人的精神无法正常运作，还有不计其数的医生愿意终其一生去帮他们恢复健康。然而，那些被医生称之为"差不多好了"的患者，就连神仙也帮不了他们。所以，跛脚的人仍然不得不一直拄着拐杖前行。

"差不多"的问题就在于他们无法分辨自己究竟错在哪里。他们无法认清到底是什么阻碍他们智力的发展，让他们无法像正常人一样追求成功。这种阻碍对他们的影响是全方面的，使得他们既无法井井有条地办事，又无法莽撞行事，不管他们所谓的阻碍到底是什么，他们的缺陷就在于身上有一个"差不多"的问题。

"差不多"可以分成很多种，然而，仍然无法分得特别清楚。有的患者的精神缺陷比较轻微，而大部分患者的病情已经根深蒂固。最好的解决办法就是帮他们做一个生活各个方面的计划，并只限于容易做的工作，而不能让精神的缺陷在社会上有恶化的机会。只去做力所能及的事情，这种办法就很有效果。假如这个计划执行顺利的话，"差不多"的人就可

以变成一个对社会很有用的人，因为通过一定的训练，就能让他们从一群普通人中脱颖而出。

为自己做主

可以说，一个五金店就是一个供人类运用各种伎俩的展览所，但是这种五金店的确不是人类应该自豪的东西，因为里面所有的铁锁、钉子和别的工具，都是为了防范小偷，这的确是一系列耗费巨大的防盗设备。

如果人没有偷东西的欲望，那么所有防盗设备就形同虚设。如果我们不认为这些防盗设备是必要的，那么我们就不会把它们生产出来。每当你了解到一种人类的需求的时候，接着你就会了解到人性本身。我们之所以需要运用五金店的工具，是因为有一些小偷想要不劳而获，避免工作，过安逸的生活。最让人反感的是为了一个小偷，所有人都要去安装一系列的防盗设备。一辆汽车停在路边无人看守的时候，就需要在汽车外面安装所有能防盗的机器。

当今社会，对那些不诚实的人，我们必须保持十二分的警惕，因为在日常生活中，我们受到了太多的诱惑。"不要让我们受到诱惑"，这仍然是我们在日常生活中经常祈祷的事情。位于美国北部的一家五金店的店主卖出了一把质量上乘的铁锁，那位买锁的顾客是用这把铁锁来锁船的，但是，这位顾客心里还是很不踏实，觉得锁不够结实。"钥匙只能防止老实人去犯罪，而对于小偷，就算你的船用锚锁锁上，他们仍然有办法偷走。上锁只能表明这船是私人财产。"我们很多次去关门和锁门，只是为了降低诱惑罢了。

诚实就如洁净那样，是具备等级和标准的。"像神一样洁净"，这句话的意思是，那些在乎自己的衣领是否干净的人，他们大多数也活得很纯洁。很多人即使在梦中，也没有想过要去做小偷，但是，有时候他们却会说谎话，或者骗人，或者去占有不应该占有的好处。问题就出在我们还没有创造一种工具来防范他们去做这种事情。比起一个把诚实当成最好策略的人的生活，一个有诚实习惯的人的生活更加平安无事。

在银行工作的员工一整天都在做钱财交易，却极少受到诱惑，因为他们尽管和别的人一样都希望多赚一些，然而他们知道，这些钱必须是正当的。尽管这些人都很诚实，但是银行仍然无法避免要做一些防盗设备，以防万一。我们把贵重物品都放在保险箱中，这种保险箱比五金铁锁花费更多。

物品存在的意义在于它可以体现人类的行为举止和宗教信仰。五金店或者银行存在的意义就在于它可以把诚实的人和不诚实的人区别开来，而且也可以用来展示一种非正式的诱惑。但是，我们还有很多门没有上锁，因此在这种环境中成长的孩子，就不会轻易受到诱惑。报纸可以采用信托的办法放在人马路边上，让人自己拿，自己买，这个现象是令人欣喜的。但是，如果水果店不能用同样的办法去做，又会让我们有点失落。一所中学，或者一所大学，如果能做到在考试的时候采用"信任制度"，那是很值得庆幸的。每当你遇到一个诱惑的时候，你就通过了一种名叫诚实的考试，慢慢的，你就不知不觉地诚实办事了。但是，如果诱惑非常大，而那些心志不坚定的人就无法抵制诱惑，所以我们只能在五金店里花钱买铁锁了。假如铁锁、铁钉和门闩都变成了垃圾，那么世界就变成理想国了。

盗窃是最常见的一种不诚实行为

盗窃是一种司空见惯的现象，除非盗窃者是一个心理变态的人，否则我们一般都会觉得这种堕落的行为太常见了。在社会的各个阶层，在各种各样的社会和人群中，很多人都有过盗窃行为，但这种行为的诱惑性却很低。

也许世界上只有极其少数的人对于不属于自己的东西绝不会占取一分一毫。所以人们认为小偷小摸不过是偶然现象，是源于自己的疏漏。不但说谎是一种很普遍的欺诈行为，盗窃也是一种常见的欺诈行为。

唯一杜绝盗窃的办法就是，不要把盗窃行为当成一种诱惑。那么一个掌管钱财的人在钱财经手的时候，如果他总是觉得自己需要抵制诱惑，那么他这份工作就干不长了。他应该像五金店的店员一样，当钱经手的时候就像在卖五金器具一样才行。然而有时候，偷东西是因为条件方便，可以顺手牵羊，自己抵抗诱惑的能力又过于微弱，诱惑又很大，以致无法控制盗窃的欲望。这种所谓的困境妨碍人们的进取心，从而给人带来了无尽的烦恼。

赫列博士写过一本名叫《诚实》的书，他经过研究后得出这样的结论，大部分盗窃行为都是源于一时冲动。在所有成年人中，年轻女孩比年轻男孩的盗窃行为更为常见。曾经有一个小偷说："我不能理解自己为何要去偷东西，实际上我也不想偷东西。"还有小偷说："我不清楚我出了什么毛病，总感觉自己无法控制自己不去偷东西。偷完之后我会很自责。现在我只清楚一点，那就是我拿了不属于自己的东西。"他们总是希望能够扔掉这种坏习惯，而且经常很想去改掉偷东西的坏毛病，这种情况就叫偷窃癖，就是说，偷东西不是为了获利，而只是为了满足自己无法克制的冲动。

矫正可以正确地治愈这种偷东西的毛病，用怜悯和理解去引导他们走上正道，而不是用严刑峻法。陷入这种困境的人只有压制住自己的冲动，约束这种冲动，最后才能被拯救。这其中的难处就在于无法迫切地执行，只能慢慢地改善。

有些年轻人把偷东西当成一种兴奋剂的替代品，有时候还用来替代性冲动，所以不容易分清楚事实和假象。当一个少年说："我偷东西是因为这样做可以让我感到刺激，可事发后却非常难过。"这意味着他的扭曲心理得到了满足，这种症状就是一种心理变态。这种变态要是继续严重化，那么这一类型的人很容易就变成职业小偷。

盗窃为什么很有趣，就如禁果一般，原因在于这样做很危险——盗窃可能会被人逮个正着并产生被人辱骂的危险。所以我们应该认真面对盗窃行为，绝不能轻而易举地宽恕人类的缺陷。然而对于那些心理有问题的小偷，我们也需要加以同情和理解。

骗子为什么能存在

《一个骗子的忏悔录》这本书是由一个机械工程师所写的，作者本人就是一个因为各种遭遇而沦为骗子的人。他骗人的方法很多都是有关科技发明的。他声称自己发明了可以自动打字的机器，你只需要对打字机说话，它就可以自动把你说的话清清楚楚地打印在一张白纸上。事实上，他会同时让一个打字员在隔壁房间把收音机录制的声音打出来，而这个打字机和外面的打字机就是相连的。

连那些银行家都相信了这个发明，并且赞不绝口，都从那个声称自己是寡妇的速记员那里买走专利权。然而，一旦交了钱，假把戏就被戳穿了。实际上，那个装扮成寡妇的速记员正是骗子的合伙人。

有一个流动频繁的公司专门代售制冰机和火柴机，所有机器都是翻新机，用十倍于正常的价格出售给地区代理人，等到钱货两清以后，机器就出问题了。另外，有一个老富翁，他发明了一个可以自动关窗户的机器。第一个骗子在纽约用合适的价格买了专利权，接着第二个骗子假装要出更高的价格来诱惑这个富翁从第一个骗子那里把专利权收回去，当然他出的价格比之前卖出的价格更高，最后两个骗子就可以一起分赃。

这本书里说了许多有关这种高智商的骗人伎俩，他们诱惑被骗的人掉进他们挖好的陷阱，先轻信他们，接着被他们所欺骗，这些都是费尽心机的骗人伎俩。此外还有很多相对简单的伎俩，骗子只要使一点诡计，胆子再大一点，并且可以诱人上当，这就足够了。

再说两个比较简单的骗术。在纽约的一个地下过道中，总会看到那里有一个卖手表的骗子，他很真诚地说一块手表只需要 1.89 美元，而事实上，买家还可以把价格砍到 0.25 美元。每天他都卖不一样的手表，但他卖给你的手表是无法正常运行的，其实只能算是价值 0.01 美元的儿童玩具。

地下通道中的那些兑换硬币的地摊上，总有一些骗子用拙劣的骗术去骗人，而且一骗就是很多年。譬如，你要是拿一张五美元的纸币去和他换零钱，他就会给你一块钱硬币和三张面值一块钱的纸币，他把纸币折得很精巧，看起来就像是四张纸币。另外还有很多骗人的伎俩，这些伎俩有简单的，也有复杂的，层出不穷。这使得我们无可奈何地产生了疑问："骗子为什么能存在？"

也许答案就是因为每时每刻都有人降临到这个世界上，出生速度很难降低。然而，在每时每刻都在降临到这个世界的人们中就包括骗子，他们出生后就去欺骗同龄人。我们要认识到一点，一般人是很容易上当受骗的。在很多欺诈案件中，让骗子心动的只有一种东西，那就是来钱快。然而骗子在行骗过程中的心理状态却是别的原因。在某些案件中，在骗子还没有把鱼钓上钩以前，他还会先拿出一些"鱼饵"来诱惑对方。很多人上当受骗都是因为自身的贪婪，而并非是因为自己的粗心大意。有一些智商高的骗子比一般人更清楚人类的心理状态。

现在最根本的问题是，为何骗术会产生那么大的诱惑力？非法所得的钱财为何要比合法所得的钱财更诱惑人？很多专门研究骗术的人对这些问题有很多截然不同的答案，而这些答案中有一些我是赞同的。在这些答案中最主要的一点是，成功地骗了他人会让自己更快乐，因为有时候骗人是需要冒险的。在展开骗局的时候，难度越大，布局就越费精神，需要耗费更多的心计，那么所获得的快乐就越多。骗人要比正常工作更加有趣，而那些嗜好赌博并想以此超越他人的人，其实从心理角度来看，他们和骗子没有任何区别。骗到的钱比辛苦赚来的钱更能让人感到满足，坑蒙拐骗是惊心动魄的事情，而辛苦赚钱却毫无趣味。

从上述答案来看，"骗子为什么会存在？"这个问题并没有得到任何答复。

你绝对不会上当受骗吗

如果视觉算是可靠的话，那么感觉就比视觉更为可靠。假如你在拔牙的过程中觉得极其痛苦，那么即使牙医告诉你拔牙不疼，你也绝不会相信他的。牙医能用"无痛拔牙"作为一句广告词诱惑患者去他们的诊所看病，然而，相比一句广告词来说，人们更容易相信自己的感觉和实际行动。

如果你觉得即使是最微弱的刺激也会让你感到痛苦的话，那么你在感觉上就会更加痛苦。所以有时候你在做手术之前，就会开始感到疼痛，但有时候又会完全相反，有一些人只要来到牙医的门前，就会觉得自己的牙齿不疼了。

假如疼痛感并不是很明显，那么你就很难辨别，到底是自己真的疼了，还是仅仅是一种幻想。人身上所有知觉都是这样的。你的鼻子既可以用来闻气味，也可以用来想象一种气味。在你渴望听到声音的时候，你就能听到声音，即便周围鸦雀无声。就算事情还没有发生，你也能在想象中看到。正常情况下，如果你要自欺欺人，那么你必须要有高明的手段。

接着再说一个心理学家所做的实验，他在自己的实验室里准备酒精、薄荷油和鹿蹄草各一瓶，然后请一群人过来做实验，请他们闻一下瓶子里的气味。接着对他们说，希望能检查出他们的嗅觉灵敏度。最后再让所有参与者轮流闻一下 10 个瓶子中的气味，并从中分辨出之前所闻到的 3 种味道。

实际上这 10 个瓶子里装的东西全部都是蒸馏水，没有任何气味，但是在 100 个女人中仍然有 48 个人说出了自己想象中的各种味道，而 100 个男人中有 37 人说出自己闻到的气味。有一些闻不到瓶子里的味道，就说自己身体不舒服，但他们仍然可以从 10 个毫无气味的瓶子里闻到气味。当然他们闻到的气味都是源于自己的想象，而有的人却丝毫没有因为这个实验而上当受骗，这些人都是一些抵制诱惑能力很强的人。从这个实验可以看出，女人上当受骗的可能性比男人大，而在所有参与者中仅有百分之六的人没有上当受骗。最初闻到一两个瓶子的时候，很少有人被骗，然而随着闻的次数越来越多，也就越无法抗拒诱惑，人们在闻到第八瓶的时候所受的诱惑最为强烈。

还有一个关于触觉受骗的实验，让所有人用手穿过一个蚊帐的缝隙，被实验者无法看到蚊帐的另一面，接着在他的一个手指头上轻轻地放下一个木塞，一开始的时候是真的放一个木塞，而到最后就完全不放任何东西。这个实验所得出的结论和闻瓶子中的气味是一样的，在没有放木塞的情形下，女人误认为自己手指上有木塞的情况要比男人多。

幻想中的温度也是这样。首先让一个被实验者把手指放进一个箱子里，然后告诉对方，箱子里有一个电盘可以发热，而事实上，里面并没有电盘。然而，10 个人中就有 6 个人能感受到热度，能感觉到热度的女人也比男人多。

然后，再请他们把手伸进水盆中，水里的电足够让水中的手感到震动。接着拔掉电源，然而电机的声音仍然响着，这些被实验的人仍然可以感到微弱的震动。其中有百分之八十的女人和百分之七十五的男人仍然可以感受到这种幻想中的震动。

然而，一般人是很少参与到这样的实验中的，并且大家都会相信做

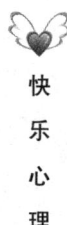

实验的科学家。再说，不会有人希望自己被人发现愚钝。然而，我们往往在一时疏忽的时候，或者过分看重结果的时候，让别人的催眠轻易地替代了自己的真实感觉。曾经有个著名的化学教授，他给所有学生都分发了两种物质，并把这两种物质放在同一个试管中混匀，接着就让学生去解释这两种物质是怎样沉淀下来的。而事实上，这两类物质混匀后根本就不会沉淀下来，但是还是有很多学生解释了整个沉淀的经过。

从以上所述，我们可以得出这样的结论：人类是特别容易受人催眠的。我们并不是永远都不会受人欺骗，我们只需要在人生大事上可以保持清醒，那就很好了。

你很难做一个精确的证人

一群科学家在一个会议中遇到了这样的事情，一个农民忽然闯入会议室，有一个黑人在后面追他，黑人手里拿着手枪，两个人当时就在会议室里打起来。突然枪声响了，他们都跑到了会议室外面。这一幕当然会让人印象深刻，所以会议的主席就请在场所有人为此事写一个报告，原因在于他们也许会被法庭请去作证。

事实上，这件事从头到尾都是在演戏，只是心理学家在做的一个实验，以此检查这些科学家的报告是否精确。这是因为一般人总认为科学家的观察结果较为准确，并相信科学家一定会记住所有发生过的事情，而不会信口开河。所以，让他们去做证人绝对比一般人要强。然而，结论却是，每四个人所做的报告中就会有一个报告与事实不符，甚至可以说那一份报告全部都是谬论。而四十个人所作的报告中却没有一份报告是全部正确的。因此，在人类的证词中，任何人都不能完全信任。然而，这件事情来得太突然了，大概只有 20 秒，并且当时在场的人们也极其慌乱。

因为在所有的报告中没有一份报告是完全正确的，也没有一份报告是完全错误的，因此我们应该更为细致地研究。亲眼所见的东西是对的，包括两人厮打在一起，后来又听到枪声，还有黑人和农民的外貌，这些都不会出错。然而，还有三种东西是看不到的，正是这三种东西让人无法做好一个证人。你一开始就没有注意到的事情，或者你忘了要记下来的事情，最好能一条一条地记下来。譬如，是谁先动手的，谁先摔倒在地的，是谁开的枪，这些事情都是在什么时候发生的，当时两人都穿什么衣服，他们的裤子、帽子和领带是什么样子的，整个事件持续了多久，两个人分别多高，有着什么样的言行举止，他们的皮肤是什么颜色，头发是什么颜色。检查一个人在报告中记下了多少与之有关的细节，就可以判断他对这一切到底了解多少，就可以借此判断他们能得多少分。在四十个证人之中，其中有十四个人忘了百分之二十到百分之四十的细节；其中有十二人忘了百分之四十到百分之五十的细节；其中有十三人忘了百分之五十以上的细节；其中最精确的报告只忘了百分之二十的细节。从中可以看出，即使是最擅长观察的人去报告这件事情，仍然会有很多地方被遗忘。

还有一种错误在于报告中出现了没有发生过的事情。这些没有发生过的事情是借由想象力加入的。从这个角度来说，我们可以认为，这种错误是一种牵强附会，是对事实的歪曲。当时在场的所有人都记住了两个人中有一个人是黑人，但是，在十个人中只有四个人能记住黑人是一个光头，别的有些人说黑人戴了一顶普通的帽子，甚至有的人还说黑人

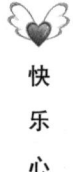

快乐心理学

戴的是一顶高高的帽子。对于黑人所穿的衣服，几乎所有人都没有记错，黑人当时穿的是一件短衫。然而，有的人说那件衣服是咖啡色的，有的人却说是衣服颜色是纯红色的，还有人说那件衣服是带有条纹的。事实上，他当时穿的是一条白色的裤子，一件黑色的短衫，脖子上佩戴一条又大又红的领带。

从不同的人的报告中能够看出他们各自忘记的东西，还有他们自己假想中的东西。到了真实的法庭上，很多案件远比这个实验复杂，有关案件的所有细节都是人命关天的大事，再加上过去了一段时间，记忆难免有牵强附会的地方，用证人的证词来判决被告的生死，你只要比较一下电影情节和一般人的证词，就知道这其中差距有多大了。

人类的智慧只是一种用来观察和报告的手段，证人是不可靠的。但是，在很多案件中，我们仍然不得不依靠证人的报告。更糟糕的事情是，要证明为之作证的人是否有好的观察力，这一点是非常困难的。我们应该在任何一个证人上法庭作证之前，先请他做一个实验，以便检测出他的观察和报告是否可靠，是否有作证的资格。按照上述观点，你也可以去做一个实验，证明自己是否有资格成为一个优秀的证人。另外，那些自以为是的人往往都是错误的，因为人们无法证实他的话是可靠的。

摆脱歇斯底里

"歇斯底里"是什么意思？我明白我得了这种病，因为我们一家四姐妹都患上了这种病，但各人患病程度却不一样。一般情况下，我做事情和普通人一样，如果我的朋友发现我写过这样的信给你，说自己得了这种病，他们肯定会笑话我。但是，如果我对此事置之不理，也许我会病得越来越重。我有这样一些病症……你能给我一些建议和忠告吗？

——四姐妹中的一个

即使写一本书也无法全面解答这个问题，从她所得的其中一部分病症来看（因为另一部分要求保密），我选择了一些最常见的公认的观点。

我欣赏她可以毫不掩饰地坦承自己的病状。因为最近有很多患了这种病的人不愿坦承自己的病状，另外有一些女人直接闯入医生的办公室，然后又忽然怒气冲冲地跑出去，说明她们不想坦承自己得了这种病。

歇斯底里最常见的症状就是突然变得怒不可遏，这种歇斯底里是孩子的表现。

歇斯底里使人很难稳定自己的情绪，也难以控制自己的情感，然而，如果有一种新的情感发生，而且特别强烈，那么歇斯底里的表现形式当然也会有所改变。

女学生在成年的时候患上的歇斯底里症——喜怒无常、易于冲动和动心，往往对未来充满憧憬；而少妇的歇斯底里就相对危险多了；老处女患上歇斯底里症的时候，往往显得焦虑、自怨自艾，而且很压抑。那些任由自己的情感像溪水般泛滥的人也很可能患上歇斯底里的病症。另外，还有一种陷入恐惧的歇斯底里，就像股票暴跌带来的恐慌，又或者像电影院失火时，处于一种对生命即将失去的恐慌之中。

最常见的歇斯底里就是太以自我为中心，而纵欲就是这种病症的一个体现。在任何事情上都以自我为中心，这种患者对极细微的事情都看得很重，往往会用激烈的愤怒和妒忌乃至仇恨去处理事情。他在好感的表达上面也同样激烈，不只是在谈恋爱这个问题上，在亲情和友情的问题上也极为严重。这种热情也可能用到其他的事情上，那些热衷于宗教

的人也许就患上了很严重的歇斯底里。

上述的所有歇斯底里病症，这四姐妹都患上了。她们中年龄最大的一个姐姐还是未婚状态，她是一个专好意气用事的领袖型人物，曾于16岁的时候学过"圣维特斯"舞，到了40岁的时候还发生一段不真实的恋爱史，但是在她不计其数的朋友中，没有任何人发现她一生都备受歇斯底里病症的折磨，也没有任何人认为她表面上的精力充沛和外强中干，其实并不是真正的力量。

四姐妹中的第二个姐姐过上了幸福的婚姻生活，她的性格很和善，因此和别的姐妹比起来要好多了。然而，因为基因遗传的缘故，她身上仍然有很多歇斯底里的症状。

四姐妹中的第三个姐姐也结婚了，她可以在逆境中担负起养家糊口的任务，她一般都过得很快乐，极少有失态的时候，然而，她身上有一种不一样的病症，总是觉得心里不踏实。从心理医生的角度来看，这种症状特别重要，我们一般所说的梦境其实也是一种歇斯底里的症状，梦境就是在梦中的所思所想。第三个姐姐病得最严重的时候，就会像一个梦游的人。然而，心里不踏实，心胸不够宽广，还有其他类似的特点，这些都是一种很细微的歇斯底里的倾向——这是经常做白日梦的习惯造成的，很多小孩都有这种病症。

向我提问并告诉我真相的人就是四姐妹中年龄最小的妹妹。她的个性特别要强，也非常精明能干，喜欢按照自己的意志去办事。她现在已经结婚了，但是婚姻生活并不幸福，因为她没有生下一儿半女。直到中年的时候，她才发现自己得了这种病。她好像总是能听到别人在背后对自己评头论足，而且总能感到这种氛围充斥了整个生活。她说话的时候总是发出怪异的声音，有时候竟然完全说不出话来，所以她不得不轻声细语地说话。她身上还有一个很有趣的特点，即她看起来比同龄人要年轻很多。她的脾气很暴躁，经常和各位姐姐发生冲突，总是想和姐姐们老死不相往来，但是，每次吵完之后又会和好如初，姐妹们仍然关系很好。有一些人终生都在受着歇斯底里的折磨，这就是他们的性格存在多面性的原因。

对于这四姐妹和别的所有患歇斯底里症的人，我要提的建议是：首先，我向你们保证，这种病是随着年龄的增大而减弱的，虽然无法彻底根治，不过病症可以逐渐变弱。得了这种病不会带来生命危险，除非有的人还患上了别的精神病，否则他们的未来还是很阳光的。然而，要是可以更早地了解自己所患的病症，那么就能做好一个计划，并过一种相对有效而又合理的生活。这只是假设中的一种情况，也是我对于这个问题可以深入探讨的一个部分（在这里我要额外声明一下：本节所谓的歇斯底里是指正常的或者接近正常的病状，而不是指那些需要医生专门医治的精神病）。

第三章
巧用智慧的力量

快 乐 心 理 学

夸张的习惯就像吃了兴奋剂

当你觉得自己很伟大的时候，就连世界也跟着你变得伟大了，而你觉得自己伟大的原因就在于你高估了自己的优点。其实你是透过放大镜看到的世界，总之，你就是在自高自大。

在你不高兴的时候，或者当你遇到烦心事的时候，你就觉得自己太渺小了，这时你又从放大镜的反面缩小了这个世界。

夸张的心理特别有趣，小孩子在满怀热情的时候，就会把事情说得很夸张，说得比原来的样子大很多，也好很多。小孩子热爱的童话中总有黄金镶嵌的宫殿，堆积如山的宝石充斥着山洞，童话里的人可以无比庞大，童话里的森林多么幽深、多么壮阔，在童话中经历的故事多么奇妙、多么伟大。

大人的夸张心理体现在行为举止上。一个渔夫打上了一条大鱼，他觉得自己很了不起，所以人们一传十，十传百，就把鱼说得越来越大，并认为说得越大越中听。有一些爱吹牛的人把吹牛当成了光荣，好像这样就可以让他身价更高。

夸张的习惯就像吃了兴奋剂，如果它没有让你反感的话（情况往往都是这样），那么你就走进了一个令人光荣的世界。曾经有个青年医生，他吃下一点兴奋剂之后，就觉得自己特别伟大，回家的时候，他坐在公交车上，就让司机摸一摸他身上的肌肉，而且还对司机说，他很好奇，为何司机会让那些卑微的普通人同他这位希腊的英雄坐在一辆车上。他感到自己的小房间就像一座宫殿，而他的老婆就变成了公主。这种情况持续到他洗完冷水澡并睡了一个晚上之后，才恢复正常。

神经错乱的人是受夸张心理影响的最大受害者，他们的心智在还没有完全崩溃和破碎以前，夸张心理就成了他们心中巨大的幻影。曾经有一个56岁的疯老头，他居然说自己已经79岁了，说自己的老婆过去养育了4对双胞胎，他的亲戚多达565个，其中有75个亲人是他自己的兄弟，另外375人是他的姐妹，他的祖父就有300个，祖母有700个，他每年都支付给下人1500万的工资，他深信自己有几千万股票和很多地产，认为自己生活的世界既大又好——这一切都是因为他的自高自大。他身上的这种夸张心理几乎完全没有限制，也毫无意义。所有觉得自己是帝王、阜卜、救世主、大将军和亿万富豪的精神病人，其实都是源于夸张心理。

人们总是竭力认为自己特别优秀，乃至去用一些夸大事实的办法来实现这个目的。然而，夸大还是应该有一个分寸才好，对自己渴望的事情要有一种自信。孩子相对来说要粗鲁一些，因为他们无法完全相信自己说的话。自高自大的人在谈到自己的时候总是有一些夸张，认为自己特别伟大。心理学家认为这是他们在放大自我，也就是常说的头脑发热。

假如夸张的心理可以控制在一定范围之内，这是没有什么害处的，而且还可以让人的生活变得更幸福。新闻媒体上有关马戏广告、商贸等向来都是采用夸张的手法，让人奇怪的不是报纸上所刊登的内容，而是所有人居然都相信报纸上刊登的内容。平淡的事情总是让人容易反感，因此事情要用夸张的手段进行宣传。

但是，事实上，我们最好还是严肃地对待事实吧，尊重事实。毫不夸张的世界已经非常快乐了，如果过分夸张，生活就会不协调。"假如你无法确定事实真相，那么你最好说真话。"马克·吐温的这句话说得很正确。

你的好奇心超越了恐惧感吗

达尔文出于好奇，把一些没有危害的蛇放进一个纸质袋子里，接着把袋子扔到动物园里的猴子旁边，看看那些猴子会怎么处理这个纸袋。马上就有很多猴子一个接一个地跑到纸袋旁边，往里面一看，被惊吓得赶紧跑开了，接着又渐渐地跑回来瞧一瞧，又被吓得跑开。由此可见，它们的好奇心超越了对蛇的恐惧心理。

同样，人类的好奇心也是这样的，只是情况相对复杂一点罢了。有一些人的恐惧感比好奇心重一点，而另一些人的好奇心比恐惧感重一点。有时候，对于那些千奇百怪的事情，我们同时会具备这两种心理。

在同一件事情上，好奇心会让你向前走，而恐惧感会让你往后退。人类天然的身体结构，使得我们具备这样的好奇心和恐惧感，这完全是强大的天性使然。恐惧感带来的行为就是退缩、哭泣、躲避、逃跑、禁闭等；而好奇心却会吸引你的注意力，让你不断前进，并且仔细观察，也许还会让你对遇到的人或者事物，产生亲近或者爱慕的心理。

相对于一个婴儿的恐惧感来说，他的好奇心更容易产生，但要让一个婴儿产生恐惧感也非常容易。在瓦特生博士一个电影中，出现了很多婴儿和一些动物在一起玩，那些动物包括白鼠、黑猫、兔子、猫、狗和白鸽，甚至还出现了蛤蟆和蛇。因为这些动物的样子都不一样，很容易让婴儿产生好奇心。然而，假如这些动物中有一些动物突然变得粗暴起来，像蛤蟆跳一下，或者一只狗叫得很大声，或者一只粗野的小猫过来打搅一下，这时候婴儿就会变得恐惧起来，之前的好奇心也会瞬间降低。并且，如果一个婴儿当场受到惊吓之后就很难再变成之前好玩的本性。如果你可以诱导孩子天生的好奇心，使他们怜惜动物，那就可以防止很多毫无必要的恐惧感。但是好奇心也一定要受到合理的引导，绝不能引发毫无必要的教唆和毁坏，而应该做一些目标明确的实验。

达尔文在实验中利用的这些猴子们，其实也和很多小孩一样，体现出一种带着恐惧感的好奇心。大人可以同时很害怕和很好奇，所以我们就用很多辛辛苦苦想出来的伎俩，以满足人们的好奇心和恐惧感。于是，在游乐园里有乘火车的游戏，还有升降机和急射机，让人获得一种安全的震撼。你可以任由好奇心驱赶，去体会在那些滑车的碰撞和激流是什么感觉。一辆车行驶在坦途上，是不可能让你感到刺激和兴奋的，除非碰撞得很严重，速度又非常快，以至于人们只能被惊吓得大喊大叫、大口出气、心跳加速，这些都能引人入胜。只有这样，他们才会愿意花钱，并且他们很快又会再去体验受惊的感觉，直到有一天他们习惯了这种刺激感。

自然为何把人类设计成这样，是有道理的。新事物可以吸引人的注意力，而且好奇心可以使人获得智慧。你为何会对新事物小心翼翼，甚至缩手缩脚，也是有道理的，那是因为害怕危险的降临。人总是觉得，只有熟悉的事物才是安全的。但是，新事物和不熟悉的事物却难以确定一个稳定的尺度。一个婴儿会对自己的妈妈和保姆感到舒适，假如一个陌生人跑过去抱着他，他就会哇哇大哭。但是，有些孩子却不认生。年纪更大些的孩子对屋里的新摆设更喜欢拿来玩耍，小孩之所以会被新事物所吸引，是因为太熟悉的东西已经无法激起他的好奇心和恐惧感。因此，小孩总是喜欢新玩具。

不管什么事情，一旦你对之了如指掌以后，你的兴奋感就会大大降低。如果你以前从未乘坐过飞机，那么你的好奇心就会驱使你去坐一次飞机，但是与此同时，你仍然会有恐惧感。然而对林白大佐而言，在飞机上就像坐在火车上一样平常。你可以自问一下，到底是你的好奇心更大，驱使你去坐飞机呢，还是你的恐惧感更强烈，使你放弃坐飞机呢？

在好奇和恐惧交加的状态中，有些好奇心强烈的人在选择外国的食物的时候总要吃自己没有吃过的。另外，还有一些人去外国游玩的时候，却说自己无法吃下异乡的食物。中国人想要做好酒店生意，就一定要想办法吸引那些好奇心强烈的人。喜欢探险的人的好奇心要比恐惧感强烈，而那些固守家园的人却恰恰相反。然而，大多数人同时具备这两种心理，一方面愿意固守家园，另一方面也愿意找个合适的机会换一个环境生活。总而言之，倡导自由的人和因循守旧的人之所以不一样，是因为他们在这两种心态上的差别。

行为说

这件事情是一个既和蔼又精明的精神病专家发现的，是关于一个女人的事情。她说自己和丈夫多么相爱，他们表面上看起来的确很相爱，但是，在她说完事情经过之后，这个精神病专家发现了四个破绽：一是，在她丈夫离家一个星期后回到家里的时候，她居然忘记要去迎接自己的丈夫；二是，她梦到自己的丈夫受伤了；三是，她有一个要把结婚戒指取出来又戴上去的习惯；四是，就像莎士比亚在自己的某部戏剧里说到一句很严肃的评语："这个女人的反抗心理太强烈了。"

假如你的行为可以体现出你的想法，那么你就不必再用言语说出来了。从第一点可以看出来，她对自己的丈夫一点都不关心；从第二点可以看出来，她的潜意识就有对那种思想的冲动；第三点表达出她的一种渴望自由的行为；第四点体现出她像个胆小鬼一样吹起口哨，竭力鼓起勇气，用语言来掩盖内心的反感。最后证实她的确是和别的男人产生了恋情。

弗洛伊德发明了这种对行为的分析法，他深信人类往往都是通过各种行为露出了蛛丝马迹，流露了真情实感。这种真实的感觉就在我们的潜意识中活动，但是我们却竭力要去压制这种感觉，因为这种感觉发展下去会给人带来烦恼，所以应该克制。如果我们稍不留神，就随时可能体现在行为举止上。譬如一个人忘了要去火车站这件事情，体现了她不想去火车站的心理，事实上她本来就不想去，最起码是没有兴趣。按照弗洛伊德的说法，梦就是一种受到压抑而产生的幻觉。激烈的反抗是很值得怀疑的，就像过分地请求他人的原谅，事实上是一种自责。

所有的这一切都是我们潜意识不自觉的表现，以便我们的想法可以得到发泄，这就像一个关禁闭的猫儿偷跑出来一样。类似于这样的行为特别多，如果我们足够明智，就可以看透这一点。假如某个人的行为太表面化了，那么对于他所说的话，不管是他的赞美还是谦虚，总让我们无法相信。或者他表现得很不自然，好像在遮掩什么，或者别的地方引起了我们的猜疑，等等。如果他的行为很清楚是故意的，那么我就会说这种行为很做作。

我们根据弗洛伊德的理论和人类在清醒或做梦时的所有行为提供的线索，去观察人类真实的心理，具体研究到了何种程度，我们暂且还不能完全确定。这种分析法是有一些道理的，可以从日常琐事中发现关键的地方。弗洛伊德很高兴把这种方法用到自己身上和自己的事业中。他曾经说过他那两把钥匙，有一把既大又圆，是用来打开精神病治疗室的大门，而另一把又小又平的钥匙是用来打开自己的房门。有时候他会不自觉地用开自己房间的钥匙去开治疗室的门，然而却从没有用过开治疗室的钥匙去打开自己房间的门。他得出一个结论：他觉得自己有一种潜意识和个人冲动，总觉得家里比治疗室要舒服，而不愿意去做治疗的工作。而且他还说，有些医生从外面视察患者回来后，突然想起有些患者家还没有去过，这时候他大约能想起来那些被他忽视的患者，正是那些拖欠治疗费的患者。有些人记忆力不好，喜欢做梦，言行举止又不在意等，都可以用这种分析法来说明，然而并不是所有的行为都有对应的解释。如果把这些原则到处套用，那也是不正确的。但是这种分析法证明了一般的行为比语言的力量更大，而且还可以解释这种行为是怎样产生的。

观看魔术的乐趣

　　儿童特别仰慕魔术师，因为魔术师可以从一顶高帽子里变出一只小兔，凭空变出铜板，先把你的手帕烧掉一个洞，接着又让手帕完好如初，魔术师还可以让名片这么小的东西和美女那么大的人都在瞬间化为乌有，并且所有的一切只需要他挥动魔棒就可以实现。然而，如果你是一个成年人，你就知道这一切都是假的，只是一种骗人的手段罢了。魔术师只是尽最大努力变好自己的戏法，别的都只是你的心理作用罢了。

在这里解释一个变戏法的全过程，那么你就知道自己和魔术师存在着怎样的关联了。有一个魔术师利用他的手杖从观众那里收集一些纯金材质的戒指，并跑到舞台上，用枪把戒指统统打碎，然后再把碎戒指塞进枪中，接着再对着一个挂在木架上的盒子开枪，再打开这个盒子，并从里面拿出一个更小的一模一样的盒子，之后再打开这个盒子，并从中拿出一个更小的一模一样的盒子，最后从最小的盒子里就找到了观众原来的金戒指，所有金戒指都毫发无损，而且所有戒指都加上了一点礼物送给戒指的主人，因此大家都赞不绝口。

事实上，魔术师做的事情，与我们的肉眼看到的事情截然不同。魔术师让各位观众把金戒指都套在自己右手拿的手杖上，在他返回舞台的时候，他已经把戒指转移到了自己右手手掌上，再换成左手拿手杖，与此同时，把左手中预备好的戒指都圈在手杖上，他要打碎的就是自己早就准备好的戒指。在他的助手把枪递给他的时候，他就乘机把真的戒指交到助手手上，以便助手可以在后台安排。趁着魔术师开枪时的响声，助手悄悄地在舞台后面放一张小桌子。魔术师就在这张桌子上把这些盒子打开，你看到的第二个盒子是魔术师从第一个盒子里拿出来的，你看到的第三个盒子是魔术师从第二个盒子里面拿出来的，而第四个盒子是从第三个盒子里拿出来的，所以你就会肯定地认为，第五个盒子——最后一个盒子——装着金戒指的盒子是魔术师从第四个盒子里拿出来的，但是，事实上不是那样的。第五个盒子是魔术师从这张小桌子的桌面下偷偷抽出来的，原因在于桌子有一边被挡住了，以便蒙蔽他人。并且别的盒子都是为了掩人耳目才设计成那样的。因为你作为一个变戏法现场的局外人，根本就不会联想到这些假把戏，所以就会以为眼睛看到的都是真的。

假如你被魔术师叫上舞台，他在一个盘子里装上 8 块银元让你去数一下，接着让你张开两只手，把银元倒在你的手掌中，这时候你会发现，原来的 8 块银元现在变成 16 块了。你肯定觉得很奇怪，以为他可以把 1 块银元变成 2 块银元，你永远也想不到这个盘子的下面还装着 8 块银元，只要翻转过来就会全部掉下来。

类似于胡迪尼这样的魔术师，他们处心积虑，想出各种办法，让一个大活人或者一匹马突然消失，或者移到别处，要么就用到铁索把一个人绑在水里，然后让他自己逃走等。胡迪尼是现代魔术师中名气最大的一个，下面这段故事就是他亲口说的。

曾经有一次法国政府请他去埃及为那些阿拉伯人变魔术，他有一种戏法可以让箱子变得时轻时重，这是因为舞台下面放着一个吸铁石，而那把可以开关吸铁石功能的钥匙就在他自己手上。首先请一个英勇的阿拉伯人来到舞台上轻易地举起箱子，然而，当胡迪尼再次用魔术棒在箱子的四周走一圈以后，那个阿拉伯人就再也无法举起箱子了。胡迪尼的这个戏法让那些阿拉伯人都赞不绝口。等到了第二个晚上，他就换了一个戏法，他说自己可以让一个人变得强而有力，甚至可以双手举起一个人。其实这个戏法的原理和之前的原理是一样的，都是因为吸铁石的缘故，然而，这些阿拉伯人都被惊吓住了，逃走了，因为他们害怕和这种强大的人在一个帐幕中。这些阿拉伯人以前从未见识过吸铁石，也不知道吸铁石有这样的功能，他们只是为眼睛看到的事物而惊讶，并不是因为真正了解了事实本身才觉得罕见。

各个年龄阶段的孩子们都特别喜欢魔术师的戏法，你只知这是一个戏法，可是你并不知道这个戏法是怎样变出来的。年龄较小的孩子特别喜欢这种戏法，原因在于他们对此事深信不疑。因为小孩会从变戏法中获得快乐，所以魔术师也会因此而快乐。

然而，对阿拉伯人而言，他们是真的相信人能够拥有魔法，要是他们用魔法去对付他人，那么情况就糟了。所以，胡迪尼的这次变戏法就不是一种乐子。在古时候，普通人在戏法的蒙骗之下会去信仰巫术。占卜就能体现两种不同的人的心理状态，其中有一种人觉得占卜是可靠的，而鬼神也是真正存在的。而另一种人就知道这只是一种戏法，信不信都是由各人来决定的。

注意力分散

当今社会，人们对于心不在焉的心理状态比以前更为关注了，假如心不在焉的状态已经达到危害良好的心理习惯的程度，而且这种危害经常发生，那么情况就非常严重了。毋庸置疑，心不在焉是一个人的性格所致。人天生就有这种心不在焉的心理习惯，然而，这种情况在得到严格训练的情况下是可以改善的，但要是你不去管它，情况只会变得越来越糟糕。

实际上，心不在焉也能算得上是一种小范围内的专注。注意力就好比一盏明灯，它可以照到很大一块地方，也可以作为一盏聚光灯，照在一块小地方。注意力是可以检测出来的。它既能变得很强大，也能变得很微弱。

某些职业需要一个人在大范围内运用自己的注意力。我们难以评定一个聪明的侦探一定要获得什么资格证书，然而，不管怎样，他一定要具备耳聪目明的特点，并且可以时刻关注到周围发生的所有事情。一个家庭主妇要请一群客人来家里做客，她也一定做到眼疾手快，一定要观察自己的招待是否周全，哪一些客人聊得很开心，哪一些客人会觉得无聊。她必须要注意到客人的一举一动。此外，外科医生就只要把注意力集中在动手术的患者身上，他需要一群专业的助理，可以及时把他需要的工具递给他，以便他可以全神贯注。

对于普通的工作，人们也要时刻保持注意力集中。经常心不在焉的人是很难集中注意力的。尽管存在着很多心不在焉的人，但不能说他们不健康。假如一个人只能专心做一件事情，而忘记了其他所有的事情，那么这种心不在焉就变成了大问题了。假如这种心不在焉生来就存在，而且没办法禁止，那么可以对他们进行一些分散注意力的训练，这样有助于他们注意力的改善。有人建议专门去训练人在大范围内的注意力，可以在缓慢经过商店的时候，默记商店橱窗内所摆放的商品。然而，那些只能在小范围内集中注意力的人都有一个特征，即他们很容易专心致志。他们很少被房间里的喧哗声所干扰，他们不如那些在很多方面都很敏感的人。孩子生来就具备很强的观察力，而且他们可以全神贯注地做一件事情，正如人们所言："小水瓶的耳朵大"。然而孩子的注意力也很容易受到外界的干扰。

假如我们把全部心思都放在一件事情上，其实这也是一种心不在焉。例如，小偷就是趁人们在聚精会神地看马戏或者去大街上游行示威的时候盗取了他们的钱包。一般情况下，你会注意到小偷是否正在偷你的钱包，但假如你现在心不在焉，把注意都放到别的事情上，那么即使钱包被偷走了你也没有任何感觉。

说得简单一点，对于天生形成的注意力，我们拿它没办法。然而，就像我们去健身房锻炼肌肉那样，需要长期的努力去改正这些缺点。普通人觉得心不在焉的人会显得和别人不一样，其实见多了也就习惯了。然而，我们无法忽视的一种情况是，这种心不在焉的表现很可能是一种更加糟糕的心理疾病症状。如果只是心不在焉，那么不一定会附带别的心理问题，但心理问题有很多别的症状，心不在焉只是很多症状的其中之一罢了。

在人生舞台上，心不在焉的人中最有代表性的是教授这种职业。他会忘记打领带，甚至把笔插到胶水瓶中，还用毛刷来写字，甚至听不到电话铃声。注意力特别分散的人，也许是因为他现在正在探究别的事情，也许是因为他已经形成了研究的习惯，也许是因为这两种原因都存在。总之，心不在焉是应该改正的，但不能因此妨碍到人的注意力的集中。也许全神贯注的人的另一面也就是心不在焉的人。

有人盯着你看，你会发现吗

很多人都相信当自己被别人盯着看的时候，是可以感受到的。这个信仰源于古代，如果你生活在几百年以前，盯着一个人看是不礼貌的，你会因此遭人猜忌，被误认为是一个巫师，你的眼睛有魔法，通过直视就能克敌制胜。古代的很多人都对这种思想深信不疑，而当今社会的人们却把这种思想当成迷信。当今社会不会再去把巫师绑在火刑架上烧死，也不会再去咒骂巫师。巫术和无线电波以及飞机等是不一样的事物，它在另一个截然不同的世界里存在着。

另外，还有一种特别有趣的思想，也是大家深信不疑的。就是你总会有一种特别奇特的感觉，当你身处教堂或者会议室的时候好像总觉得背后有人在盯着你看，所以你会回头去看看自己的背后是否真的有人在盯着自己。有些人觉得自己的确可以在直视你的时候，让你回头去看他们，因为他们渴望你能发现他们。他们为此做了很多实验，每次都很管用，因此他们深信不疑。

一位来自美国斯坦福大学的名叫戈尔的教授觉得此事很有研究的价值，于是主张做个实验来证明一下。他先后询问了一千三百个学生，其中百分之八十四的女学生对此深信不疑，百分之七十四的男学生也对此深信不疑。而且所有接受询问的学生都是事先挑选出来的优秀的学生。如果这种事情取决于大多数人的观点，那么结论就是确实存在这种现象。但是，从科学角度来看，一个例外就足以否定所有人的意见。

所以，他们做了一个实地考察，首先让受验者在房间前面坐着，再让一个人在他后面盯着他看，接着就开始指挥一个或者很多个注视者工作。他们准备了一些用来指挥的信号，一旦信号发生变化，注视者都要马上闭眼，每 15 秒或者 20 秒就闭眼一次。受验者手上都准备了一个笔记本，假如感到自己被人盯着的时候，就在笔记本上写下一个"是"字，要是觉得没有人盯着自己看，那就写一个"否"字。

就这样反反复复地做了一千次实验，如果有五百次以上的实验的结论是肯定的，受验者可以感受到被人注视，那么这种说法大致还有些道理。如果仅有五百次实验的结论是肯定的，那么这样的说法就不合理了。实验得出最终的结论是仅有五百零二次是符合条件的，这证明了这种说法本质上就是一种猜测。因此最后的结论是：能感受被人注视这一点是不合理的。

如果实验设计得更详细一点，在你觉得非常肯定的情况下，你可以写下"A"，当你不是特别肯定的情况，你就写下"B"，按照这种办法做下去，当你确定完全没有感觉的时候，你就写下"E"，如此一来，到最后是不是确定的次数会比不确定的次数多很多呢？可是事实却是，实验所得的结果大同小异。实际上，那种认为自己可以感受到被他人注视的说法纯属荒唐。有的人反驳道，并不是所有人都有能力感受到他人的注视，只有身强体壮的人才具备这种能力，对很多人深信的所谓的"电波""辐射"和"影响"，这些东西只有感觉敏锐的人才能发现。因此有的专家和学生可以利用一种科学的办法去运用这种心灵的力量，然而，当对这些特别挑选出来的人做过实验以后，却发觉结果并没有比普通人更好。

科学的实验能够打破对注视和别的各种难以验证的事物的迷信，这一点也可以引申开来。然而，为何在五人之中总会出现四人轻易地相信了这样的迷信呢？就心理角度而言，就像当一个人站立在教堂或者会议室的讲台上的时候，总能感受到在那里演讲的无趣味或者忐忑不安，所以会无意识地回头去看看，往往能看到他人在盯着自己看。然而，人们往往只会记住与他人目光相遇的次数，而忘了目光接触失败的次数。况且，很多人都这样认为，所以人们难免认为信任这样的说法将会给生活带来更多乐趣。

情绪与工作的关联

在你觉得特别舒服的时候，你工作起来是不是更有效率呢？或者你只是觉得心情好些，所以你工作起来会更开心，因而觉得很轻松。你的情绪会在工作场合发泄出来吗？当然这件事情难以确定。因为你这是在用一件事情去权衡另一件事情，而且权衡的标准还不是固定的——既没有情绪上的标准，也没有工作上的标准。

在一根笔直的线上画一个记号，假设这个记号意味着你心情很一般，也就是说你不会觉得现在的心情比以前更好，也不会觉得现在的心情比以前更差。再假设直线的下面则意味着你的心情不好，可还是能正常工作，仅仅是觉得有点不舒服罢了，而直线的上面则意味着你的心情很好，觉得很开心。那么你今天是在哪里做了记号呢？是在情绪糟糕的那边，还是在心情愉快的那边呢？是非常糟糕呢，还是稍微有点低沉呢？当你把今天所做的记号和昨天比起来，得分是更高了呢，还是更低了呢？就人的身体感觉而言，可以采取体检的办法来比较它的变化，像血压、心率、握力和知觉的反应力等，然而仅仅从身体的变化来看，仍然无法判断一个人究竟感觉到了什么。

就工作而言，假如是容易的工作，而且程序比较有规律，那么就能检测出工作的绩效，就像我们可以为货物称出重量那样。然而，这一点无法用死板的标准，原因在于，有时候就算是最容易的工作，还会存在质量上的区别。就拿堆砖块和钉板条来说吧，你可以通过计算砖块和板条的数量，来确定工作的成效，然而，如果你急于求成，也许中间还会出错。

有一些很容易的脑力工作，譬如，假定一条标准线并在上面敲1分钟；用最大速度来数清楚各种颜色；进行排成四行的两位数之间的加法；从一个字想到另一个字；举出与一个词意思相反的词等等。这类型的脑力工作没有数砖块和木板那么容易，然而修改错误以后，也能得出一个大致的标准。

这样的话是不是就能够确定当人心情好的时候工作起来会更有效率，情绪是和工作效率成正比呢？正常情况下，两者很难同进退，以至于我们能断言，无论心情好不好，工作效率并不会有很大变化。

然而，其中有一点是可以肯定的，即：在你感到心情一般的时候，既不好也不差，你就会特别勤奋，当这种勤奋渗透到你的感觉之中，让你工作起来更加积极，并希望能做得更好。在你觉得很高兴的时候，你就会容易懈怠，所以你工作起来并不会更有效率，只是工作的感觉更轻松一些而已。另外，在做实验的时候，你清楚自己只是一个受验者——你就会产生一种像竞赛一样的感觉，而不是像平常一样去工作。

如果你的工作无法用数量来权衡，而是要用质量来确定的话——正常工作可以同时用数量和质量来权衡，那么就无法按照得分来给出一个好答复——即使是高尔夫球赛也会遇到同样的情况。你打球的技术是好还是差，你这个人是稳重还是肤浅，你是否更容易打中目标，这些是无法从分数中看出来的。

但是，我们的情绪无法完整地显示出事实真相。如果我们认为只有心情好的时候，才能好好工作，过分地依赖好心情，这样会造成精神上的不舒服。但是，如果毫不顾忌心情的好坏，也会造成不良影响。和所有别的事情一样，既不能过多，也不能过少。我们不可以让情绪来主宰工作，然而，我们可以利用情绪来促进工作。利用这种折中的办法，我们就能获得精神的安宁。

高效率地工作是由两个方面所决定的。首先是身心健康，你应该培养有规律的生活习惯，养成健康的身心，那么你就能按照自己的天赋去完善工作。其次是好的工作环境，好的工作环境是为了促进你的工作，从而可以高效率地工作，这两个方面对健康的精神非常重要。

在好的工作环境下的工作效率，和在差的工作环境下的工作效率做个比较，最后得到的结果是超乎人的想象的。桑代克、麦吉尔和查普曼以前观察过气候对普通脑力工作者的作用。他们得到了这样的结论：如果你坚决要把工作做好，就算你身处的环境特别闷热、特别潮湿，里面空气不流通，譬如，屋子里温度高达80华氏度，潮湿度高达80%，而且没有新鲜空气，你仍然可以很好很快地把工作做完，这和在最舒服的环境下，譬如，温度为68华氏度，潮湿度为50%，空气新鲜，工作效率是相同的。

以上所述得出了这样的结论：有一点不舒服的时候，几乎不会影响到工作的效率，在差的环境下工作只能更加努力。如果你坚决要把一件事情做好，就没有太多精力去在乎环境的好坏，埋头苦干就可以把工作完成得很棒。就一般情况而言，人们在天气潮湿闷热的时候，工作会有所懈怠，因此，人们认为应该安排暑假来休息，特别是学生有这样的先例，但这样的需要并非是不可缺少的。所以，我们应该弄明白，实际上，是我们的工作态度在左右着工作效率，而不是工作环境左右着工作效率，因为我们有能力去适应不良环境。

以上所述仅仅是对于某一部分的人来说的，很多人还是比较容易随着环境的改变而改变，我们往往会因为天气过于闷热而暂停工作。我们常常希望生活过得很舒服，也许是因为我们生活得太舒服了吧。在冬天的时候，我们可以很轻松地让屋子变得温暖舒服，但是在夏天，我们却很难让房间变得和冬天一样温暖舒服，所以我们会认为，夏天比冬天更难熬，而情绪不好就是工作中的最大阻碍。这种情况下，空调就能让我们摆脱坏心情，从而更投入地工作。

但是，工作习惯对于工作的影响特别大。美国人无法忍受欧洲各个国家的严寒，北美洲的人又无法忍受南美洲的冬天，而欧洲人也无法忍受美国的闷热。感觉也会在无形之中影响人的工作效率，假如我们极少受到外部环境的干扰，那么我们的工作效率就会更高。

感觉上的差别也会大大地影响到工作效率。有一些人需要在被刺激的情况下工作才能更有效，而有一些人很难适应炎热和潮湿的工作环境，所以工作效率会大打折扣。他们会特别容易觉得难受，而且对于这种难受的感觉又特别难以释怀。就像人们对于寒冷的感觉，老年人喜欢抱着火炉，这是因为老年人对寒冷的抵抗能力远不如年轻人。然而，天气的好坏对于普通的工作好像并没有太大的影响，但是对于复杂的脑力工作而言，那就是另一回事了。工作质量也非常重要，有时候，我们不得不需要某种刺激或者某种舒适的环境，才能进行高效率的工作。

所以我们不能用同样的标准来对待特殊情况和正常情况。但是，我们还是能够推测出来，有时候我们不愿意去工作，以为是无法适应工作环境，这只是一种心理作用罢了，而不是实实在在的影响。心理健康才是最重要的事情，我们要培养一种远离诱惑的力量，但就这一点而言，还需要把握好分寸，过多或过少都不好。以上所述可以说明一点，心理健康是一种精致的艺术。

123

第四章

"怪异"是一种幸福

快 乐 心 理 学

什么是情结

我们平常在聊天的时候，在分析人类所有行为的时候，用得最多的名词就是情结。这个名词的用法很多。一开始的时候用来表达正常和有效的智力，譬如你怎样认识道路，你的方向感如何——你认路是凭借什么记号呢，还是凭借心里的那张地图？与鸟、猫和老鼠认路方法不同的是，人类认路的方法涉及了很多因素，这种复杂的情况就形成了一种情结。

所以，我们对很多组织、兴趣爱好和人际关系都带有一种情结。就像我们对于游戏的爱好，对于家庭、社团和别的各种事情的感觉等。直到后来，这个名词发生了两种意义上的改变。一种改变是这个名词被用来表达人类内心深处的感情，也就是我们最在乎的事情。因此，用情结来表达我们热爱的事物，那么它的意思就类似于"癖好"，而用它来表达反感的东西，那么情结的意思就类似于"偏见"或者"仇视"。

"高尔夫游戏"就是指一种对高尔夫产生的情结，那些在纸牌游戏中不能自拔的人会把全部的精力用来玩牌。如果不是过分沉溺，这些游戏本质上都是很不错的。然而，如果对于种族和教育改革产生了情结，就会引起社会不稳定。情结使人的情感太过激烈，因此，情结作为一个团体的信仰或者感情，很容易会失去常态，以至于引发灾难。擅长人际交

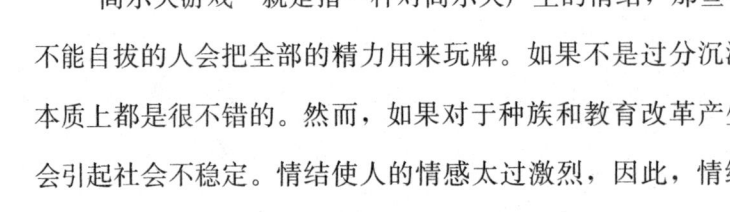

往的人是不会让自己对任何一种问题产生扭曲的情结的。如果有人靠近你的耳朵对你说："你可以同某个人说起任何事情，除……之外"，这句话的意思是那个除外的问题会涉及他的某种情结，要是被他听到那个问题，就会引起他的这种情结。

情结的另一种改变就是产生了一种矛盾。我们渴望逃避、退缩或者压制某一件事情，而这种心理状态多多少少都有些扭曲。

假如一个人对于一件事情发生了极其强烈的热爱，并因此丧失了对别的事情的喜爱，那么这将导致他的人生态度变得不合情理，这就意味着他产生了一种情结。如果一个人的思想观念中除了"性"以外，再也容不下别的东西，并认为所有人之间的关系都是性关系，那么对"性"的乐趣就成了他的人生最大的情结。靠近、逃避和忽视，在为人处世的时候扭扭捏捏，这些都可以当成是一种情结。在个人和社会产生的人际关系中，最关键的是，情结既能促进人的行为和观念，也能使人的行为和观念变得扭曲。

被压制的情结有很多类型，犯罪情结就是一种很普遍的情结，因为这种情结，又造成了研究这种情结的侦探，可以说，这是一种心理状态中的"第三级"情结。如果医院的一个患者把一件珠宝弄丢了，那就可以请全医院的护士参与一个实验，对她们说一个字，然后让她们马上说出从这个字中首先联想到的字。如果提问的人说出了"手"字，那么，回答者应该说"足""手掌""方便拿在手上的东西"或者别的与"手"相关的字。如果护士想到的词语是"戒指"，或者她回答得很犹豫，甚至无法回答，或者她回答得很怪异，那么就可以肯定，偷珠宝的人就是她。

还有一种"窘迫"的情结，带有窘迫情结的人总觉得自己的敌人无时无刻不在暗算他。有一种人带有"改革家"或"救世主"的情结，这种人真把自己当成了伟人。

所有情结中最为常见的就是"自卑情结"，带有自卑情结的人总觉得自己比不上别人，要么就认为别人瞧不起自己，所以在感觉和行为上处处受制于人，这种情结很不利于个性的发展。而那些带有"自大情结"的人却与之相反。带有这两种情结的人都过于感性化，不合情理，无法正确和平等地看待自己和别人的关系。

另有一种情结叫作固执。青年男子过分依赖母亲，害怕结婚，因为他无法找到一个女人可以像母亲那样爱他，所以就会造成一种恋母情结。还有一些男人会嫉妒父亲对母亲的爱，想要超越父亲，这同样是恋母情结。以上两种情结都太过激烈和扭曲。

和别的心理名词一样，情结也被人用烂了。就一般情况而言，我们都会产生很多种微弱的情结，稍微有点夸大的情结不会产生太大的危害，反而还会带来一些好处。然而，与此同时，我们还应该提防那些干扰到我们精神安宁的有害情结。

在你饥肠辘辘的时候

饥饿、口渴和疲惫的感觉都一样显得特别有趣，同别的自然需要一样，它们也象征着人的一种需求。

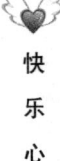

快乐心理学

饥饿、口渴和疲惫的感觉同大脑中枢神经都有特殊的关系——它们从来不会造成混乱，并使你的感觉出错。满足感和实在的需求之间的关系是需要深入探究的，对于这些需求的把握是锻炼意志的一个部分，就心理健康角度而言，这个问题特别重要。

假如人可以做到没有非凡的能力却可以不吃不喝，并且精神饱满，或者在应该休息的时候却清醒地完成额外的工作，这只能说是他个人的一种特长。如果可以在合理范围内满足这些需求——在你累的时候就可以休息，醒来之后马上就变得生龙活虎，那么你的心理就处于健康状态。如果你吃得太少或者吃得太多，或者在不应该饥饿的时候觉得饥饿，因为太累、太高兴或者太忧虑而睡不好，或者你经常感到头晕，神志不清，所有的这些都体现你的心理出现了一些问题。让需求和满足需求之间能够适当地维持均衡，这就是心理健康要达到的目的。

在以上所述的需求中，饥饿是最容易被人发现的，因为我们所有人都很清楚，如果太饿了，胃部就会发生强烈的收缩。生理学家以前用带着管子的橡皮球去检查胃部的收缩力，结果这个皮球被胃部吞进去了，人还感觉不到胃部不舒服。在受验者觉得自己吃饱了的时候，就按着实验器上的开关，在他觉得自己饿了的时候，胃部会同时产生收缩力。所以，在你的胃部收缩的时候，你就会收到饥饿的信号并且觉察到饥饿，这样的信号就算是在睡着的时候也会出现，因此，这样的反应从根本上来说是机械性质的，是在无意识中发生的。

在胃部进行收缩的时候，没有人可以让它停下来，即使是竭力去回想食物的味道，或者看到食物，也无法让胃部停止收缩，然而，只要稍稍吃一点东西，哪怕是糖水，甚至咽下一口唾沫，都可以让胃部停止收缩，让饥饿感消失。触电或者熬夜加班，或者读那种让人兴奋的小说，都可以消除饥饿感。它们会让你全身心投入进去并忘记饥饿。

一般情况下，吃完饭后过了三四个小时，胃部就会开始收缩，每一次收缩时间为30秒或者40秒，就这样反反复复，只有等吃到东西的时候，胃部的收缩才会停止。

上文所说的就是饥饿带来的感觉，然而，心理上的饥饿比身体上的饥饿更为明显。我们都明白，人一定要吃东西才能活下去，没有食物的恐惧感会让人产生绝望的感觉。因为无法满足对食物的需求，饥饿带来的痛苦会使人竞相争夺粮食并给社会造成动乱。

心理学家坎农博士曾经说过："饥饿这种感觉会让人觉得很霸道，很难受，也很痛苦。会迫使人类甘愿去犯罪来降低这种痛苦的感觉，即使是在文明昌盛的社会中，也曾经有过因为饥饿而吃人的陋俗。还有很多人在饥饿的绝望中自杀身亡。这种源于胸部以下腹部以上的痛苦，对于人类的行为举止造成极大的破坏力。"假如我们要想控制自己对饥饿的感觉，使这种感觉在文明昌盛的社会中不至于失常，那么就应该吃得有味道，而且分量要适中，并且应该明白，吃东西不是那么随随便便的事情。有些人可以控制饥饿感，用绝食来表达自己对不公正的抗议，宁死不屈。

对于工作和食物之间的关系，我们要在这里特别声明一下，饥饿会让人变得注意力分散，我们往往会感觉到没吃过饭就无法平静下来进行工作，或者到了快要吃饭的时候，工作的节奏就会变慢些，或者长时间没有吃东西的时候，就会觉得头晕，无法聚精会神地工作。此外，吃饭没有规律也是对坏习惯的放纵，不是造成营养不良，就是造成对食物过分渴望，以至于暴饮暴食，无法自制。

饥饿产生的痛苦不在于胃部，而在于脑部。就拿脑力工作者来说，在打算努力工作之前稍稍吃一点食物，相比于饥饿时的工作效率以及胃部不饿不饱时的工作效率高，结果证明，稍微有点饥饿能让脑力工作者提高工作效率。

很多人在吃完饭后就想睡觉，动物园最安静的时候，正是所有动物全部用餐完毕之后。那么，在这里再次重申一个观念，心理健康最关键的一点是一定要满足自己的需求，而且还不能过分地满足。

在你疲惫不堪的时候

我们平常都在和疲惫做斗争，人要克服疲惫感是非常困难的。人无法让时间停下来，所以会累得精疲力竭，而且必须通过休息才能恢复体力。

疲惫表明你体内储备的精力已经快要耗尽了，然而，这种疲惫的信号是机械地发出来的。它通过你的神经体系传达到你的大脑中，尽管很多时候这种信号是准确的，然而有时候也是不可靠的。在你觉得特别累的时候，实际上你的身体还没有达到那种程度，当你觉得不累的时候，实际上你已经精疲力竭了。特别是在你突然感到很累的时候，你就可以相信它所传达的信号是准确的。

疲惫也是你的精力所体现出来的一种形式，它会对你的身体各个部分产生很大的影响。人的精力有很多种形式，这一点是值得研究的，因为你的能力就取决于它。有一些人有着特别稳定的神经系统，可是却不够灵敏。有一些人的情绪时起时落，一会儿高兴了，一会儿又难受了，然而，在向前迈进的时候总是高兴的。喜怒无常的人表现出来的精力形式比较原始，孩子和原始社会的人都表现为这样的精力形式。

有一些人平常处理公务的时候特别有计划，做什么事情都很有时间观念，但有一些人却极其散漫，永远都无法确定他们何时是处于工作状态中的。如果我们按照自己的心情来工作的话，那么有一些人可以根据时间的长短来支付工资，而有一些人却不得不根据工作成效来支付工资。

尽管很多时候人的疲劳是源于思虑过度，然而有时候可能是真的太过劳累了。的确有一些人生来就易于疲劳，自己无法控制，严肃一点说，他们的疲惫感谁都无法医治。如果一个人能了解自己到底是属于哪一种疲惫，那么这肯定会很好玩。假如你的身体很健康，你就可以在疲劳的时候睡个好觉，在精力恢复正常的时候醒来，在固定的时间段内做好本分工作。然而，如果你是一个疲惫到无可奈何的人，那么即使你睡着了，还是会很疲劳，吃饭的时候也会很累，参加娱乐活动的时候也会累，想太多问题也会累，那就真的无可救药了。

你的胃部和精力是存在紧密联系的。如果你在很累的时候吃东西，那么你的胃部一定很难消化。而在你疲惫不堪的时候，身体的所有器官都无法正常工作。长时间处于疲惫状态是很容易导致心力交瘁的。心脏要是在晚上无法得到恢复，那就无法满足你在白天所需要的精力。也许你觉得早上醒来会比晚上睡觉的时候更累，在这样的情况下，唯一的办法就是休息。

曾有一次，一个精疲力竭的纽约商人去芝加哥，因为他要去那里做一件特别重要的事情。他以为换一个环境会对自己的身体有好处，原本打算三四天后就回家，可是在待在芝加哥的那几天里，每当他失眠的时候，他就在宾馆的走廊里待着，就像一个木头人一样待着，接着渐渐地想起来自己要做的事情。10 天以后，他返回纽约，就感觉身体全部好了，可以投入日常工作了。他这次被逼休假，实际上可以替他节省一个月专门用来休息的时间，他只是无可奈何才这样做的，因为他的身体功能已经发挥不了作用了。我听说过一件事情，曾经有一个病人八年没有工作，之后他的身体自然就恢复如初了，现在都可以正常工作了。

导致这一切形成的原因也许是，如果你累到一定程度，就称为 X 程度，那么你就应该获得 Y 时间的休息。如果你产生了两个 X 的疲惫，那么你就应该获得 16 个 Y 的休息时间。这样的说法也许并不是完全正确的，无非是想告诫人们，按照自己疲惫的程度不同，要有相应倍数的休息时间。

这并非是说只要我们觉得累了，就必须要休息。如果我们无法培养忍受的习惯，那么，在你第二次、第三次和第四次觉得很忙的时候，就会把所有储备的精力都用得一干二净。然而最关键的一点是，你要确认你还有多余的力量能用。

最让人想不明白的是，在一个人病重的时候，他根本就不会觉得累。这是因为他疲惫而混乱的生理组织已经无法传达警示的信号。如果你使用精力很有规律，那么它就会传出"绿光"，使你得以继续工作；要么就传出"红光"，提示你停下手头上的工作；它有时候还会发出"黄光"，警告你小心一点。按照这些不同颜色的光办事，你就可以顺利完成工作。假如你了解工作规律，那么就不要过度疲劳地工作。

让世界震惊的林白大佐在首次顺利地飞越大西洋并于巴黎降落之后，在人民群众发出的一片欢呼和拥护声中，首先做的事情就是休息，因为他在刚刚飞行的 33 个小时的过程中一次也没有休息过。

芝加哥大学有 3 个女学生，她们为了探索失眠会给心理带来什么影响，于是就像林白大佐那样长时间不休息。3 个人两个晚上都没有睡觉，从头到尾总共坚持了 60～65 个小时。她们分别在失眠之前、失眠之中和失眠之后进行一次实验。她们通过散步和读书度过了茫茫黑夜，她们还去了戏院看戏，还做了很多让人兴奋的事情。她们还做了一些很容易的脑力方面的工作，像读书啊、数数啊，同时也做一些比较容易的肌肉训练，像看准、轻拍和按压等。把她们的实验结果和普通人之间做一个比较，就可以获得这样一个结论：假如做一些容易的较为稳定的工作，就算失眠了，也不会降低工作效率，但工作效率是高还是低却并不稳定，刚开始的时候好像会因为失眠而效率变低，但后来又忽然有一些提升了。熬夜工作的人大部分都是这种情况。假如你要询问那些为科学而做失眠实验的年轻人到底感觉怎么样，她们中的大多数人都会很明显地感到疲劳，但也不完全都是这样的。她们为了做好这个实验付出了很多，但各人的付出程度却不一样。事实上，这样的实验对于睡眠有规律的人而言，反倒是有些反感，但对于失眠的人而言，却只能全力以赴。

在你睡不着的时候，会产生一种从外部获得赔偿的心态要求，你会觉得自己没有以前那么舒适了，所以你就需要用更多的精力来补偿。你的责任心要求自己坚持下去，熬夜上班的护士就会产生这样的感觉，但她们可以利用白天抽空打盹来补偿睡眠的不足。陷入失眠的煎熬中的人往往表现得昏昏沉沉。在你失眠以后，身心的各个方面究竟会产生什么样的反应，这取决于你的神经组织。

睡眠也可以分为各种各样的级别。传闻有些当兵的人是在进军的过程中睡觉的。假如长期失眠，就无法用长时间的睡眠加以补偿，而只能用睡眠的质量来补偿。另外还有一种传闻，在打仗的时候，很多无法入睡的士兵通过长时间的睡眠仍然无法恢复正常体力。他们往往表现为头昏、癫痫、精神混乱和疲劳等。但是，只要经过一次深度睡眠之后，就能够恢复如初。我们的大脑做的是最困难最重要的工作，所以最容易疲惫不堪，大脑受到伤害以后，你就无法把工作做到最好，只能是勉勉强强地机械性地工作，往后还会变得更困难，终有一天你无法再继续任何工作。

幸运的是，林白大佐与迷雾和雨雪天气做斗争这一段最困难的旅程是发生在刚开始的那一段路，最后的那一段路非常平静，也很容易，那时候，他对成功充满希望，所以不管怎么样，他都会坚持下去。人的大脑都有这样一种能力，它可以突破陈规去面对突然意外，英雄在这方面的能力最为突出。

气候对人生的影响

在我们觉得有一丁点难受的时候，总爱说这是因为天气变了。但是，雨露、阳光、炎热和寒冷到底会对人的性格产生多大的影响呢？

气候和文化之间存在着直接的联系，埃尔斯沃思·亨廷顿在他写过的几本书里都谈到了这样的观念。最明显的一个证据，就是在古代叙利亚和古埃及那个繁华的时代，那时候的气候要比现在的气候更为严酷。在北极地带，人类仅能维持最简单的生存，在热带也只能过上散漫的生活。从冬冷夏热的地带迁居到温带地区，像美国的加利福尼亚那样的地方时，人们似乎会感觉到自己去了天堂。

不同的人对于气候的感觉也是不一样的，有一些人对气候几乎没有感觉，他们可以适应任何气候；还有一些人认为很多地方的气候会妨碍舒服的生活。气候不只是一种普遍的需要研究的问题，同时也是普通人经常会谈到的问题。马克·吐温曾经说过："所有人都喜欢谈到天气，却没有一个人希望去改变天气。"

有一位心理学家丹克斯特教授曾经做过一个关于天气的实验，尽管这件事情已经过去十年了，但他得出的结论仍然可以运用于今天，因为从一开始到现在，人类的性格和气候都没有发生过任何改变。他采用的是统计法，记录了长期气候和平均气候。采用这样的方法是因为观察时间足够长，因此就算是发现了最微小的差异，也是很有意义的。

丹克斯特教授还做了一个表格，专门用来记录坏事，看看坏事的发生是不是也伴随着气温或者气压的升降有所变化。譬如，学生逃学、行为不端、打架闹事、精神混乱、自杀身亡、犯法、银行书记犯错等，这些坏事都是人们厌恶而又竭力去避免发生的。就一般情况而言，这些事情在炎热的天气发生得更为普遍，炎热是很容易让人做坏事的，潮湿的天气也是这样。这些坏事还有很多其他因素，然而，天气也是促进它发生的其中一个原因。

天气不好也会损耗个人储备的精力，所以会干扰到人的心理平衡。莎士比亚曾经在自己的戏剧里这样写道："天气太热了，我们身上都长了很多痱子，当我们碰面的时候，难免会吵嘴，这种炎热的天气，就是破坏我们的心情，让我们变得疯狂的原因。"对于不好的天气，我们还是有一些办法的，我们可以选择在天气太热的情况下暂停那些太费劲的工作。我们还可以找到别的加深烦恼的因素，譬如，室内封闭，空气不流通，这也会让人心里不舒服。如今我们可以利用电扇来促进空气的流通，降低不舒服的感觉。从前我们依靠阳光，如今我们可以利用人造的太阳灯来照射皮肤，让皮肤变得越来越健康。另外，像日光浴和日光室现在也特别流行。我们因此就能了解到身体健康和精神健康之间的关系有多么紧密了。

尽管外部气候会对人的心理产生影响，然而，个人对气候的感受也存在很大差异。我们多多少少会带着情绪去生活，然而，我们不能过度地放纵情绪。我们不能因为天下雨了，或者因为房间里光线不足就愁眉苦脸。我们应该多多少少克服气候对自己的影响，自我超越，为了一点点不舒服就变得很烦躁，这是不利于心理健康的。

一个脾气暴躁的人，想要摆脱情绪的控制是非常困难的。而那些可以适应各种天气的人，对于那些无法适应各种天气的人也不能过分苛责。炎热对人的影响很大，原因在于它的确会让人不舒服。最佳的办法就是小心翼翼地去面对，因为狂风骤雨永远都无法避免，因此，我们不能屈服于变化莫测的气候，就像我们不能对无法预料的疾病妥协一样。

笨蛋是后天形成的

假如一个记者要说自己的同行的坏话，就会说他是一个天生无知的天才，否则，他怎么可能在短时间内收集那么多材料。这句玩笑话的意思事实上不是说他真的无知，因为无知作为一种反语，指的是学识不够——但这句玩笑话可以适用于愚蠢，因为愚蠢并不一定就是指学识不够。

要是我们仔细想想，就知道这种愚蠢的例子特别多，只是我们一般极少去关注罢了。愚蠢在人类各种表现中是最为常见又最不值一提的事情，但世界上竟然还有那种"后天形成的笨蛋"，这要比先天形成的无知更加让人无法容忍。

这种后天形成的愚蠢都带着一种心理惰性，简单说来，那就是懒得去动脑子。只要有可能，就总是让别人来代替自己动脑子，他们总是说："让乔治来做吧！"因此就慢慢地失去了独立性。有很多人在问问题的时候，并非是因为迫不及待地想获取新知识，只是懒得自己动脑子去想罢了。他们需要什么却不去努力追求，而是依靠他人的施舍。如果他们长期养成这样的习惯，就会沦为依赖他人的可怜虫了。

很多人都有这样的习惯，如果你去向店员问一些不常见的商品，甲就会去问乙，乙又去问丙，也许整个店里只有柜台后面的那个女人在动脑子，而其他的人都在用她的脑子，因为她们都认为，用别人的脑子比自己动脑更简单，这样的习惯就容易让人变得愚蠢。

如今大家都喜欢去旅行，旅行家会对你说这样的话，在他们向当地居民询问一个地方怎么走的时候，无论年龄大小，在五人之中要是有一个人可以回答他的问题，那就算是走运了。"后天形成的愚蠢"不只发生在农村，有一个老师要去参观纽约繁华地带的一所私立学校，顺便就向接待员询问另一个也在纽约的学校，然而接待员却回答说自己从未听说过这所学校。事实上，这两所学校就在同一条大街上，其中一所学校位于24号，另一所学校位于48号，而且这两所学校都在很久以前就成立了。

有一种缺陷也许是天生的，即平常不太注意身边事物的缺陷。有一些人永远都不会注意到身边的事物，他们只能看到自己想要看到的东西。好像这句话说得太绝对了，但是这样的事情的确是存在的。有一所大学的一个学生曾经对自己的室友说，街上有一栋楼房改变了位置，从这边迁移到了那边，把街道都挡住了，可是他的室友却说不知道这样的事情。事实上，他每天去学校的时候，在这条街上已经走了十几次了。

后天形成的愚蠢可以分为很多类别，形成的因素也都不一样。例如，没有好奇心、心理懒惰、依靠他人等。也许最要紧的一个因素就是别人觉得你的学识过低，对你不抱希望——所有的因素都会导致你形成这种狭隘的愚蠢的心理惰性。

养成提问的习惯是非常容易的，因为这是唯一可以马上就了解很多

快乐心理学

事情的办法，然而养成自己动脑的习惯却更加重要。让别人告诉你答案，也应该在你自己动过脑筋之后。有个这样的笑话，是说有一个大学生渴望自己有一天可以躺着不动就能获得学问，过逍遥自在的生活。多烈先生就反问道："你希望教授来帮你研究问题吗？"可他却无言以对了。

一个人不应该因为自己的无知而感到愧疚，并犹豫不决，不敢向人提问，人只能为自己草率地研究出来的东西而感到羞愧，最起码你应该自己去研究。这句话是说，你在确立自己渴望达到的标准的时候，一定要严格才行，要是可以做到这一点，你就不会变得愚蠢，而只会变得越来越明智。

搜集东西的怪习惯

那些爱收集东西的人在人群中总是显得很另类，可以说他们带着一点精神病的特点。那些过分沉溺于这种爱好的人，或者为此花费很多钱财的人，就丧失了理性。

有关这种癖好的最出名的案例，就是 17 世纪荷兰到处都种上了葡萄。只要在经济允许的范围内，甚至有些是勉为其难，也要去栽种千奇百怪色彩斑斓的罕见的葡萄，并给葡萄取各种奇特的名字。听说有一个人对这种怪癖沉溺到了极点，他用自己全部的田地和葡萄去换一种极其罕见的葡萄，后来有个工人把这种极其罕见的葡萄当成洋葱吃了，因此他的主人为此赔偿了一百多元钱。再后来，这样的天价突然降低了，因此在荷兰种葡萄的风气也迅速消停下来，并成为一种以葡萄为主的产业。

收集的怪癖在不同年龄阶段和不同的时代都有不同的表现。最常见的就是收集邮票和钱币，因为这种怪癖所收集的东西在各大城市的商业中已经演变成正规出售的商品之一。几乎所有人都喜欢收集货币，收集的类型越多，地区越大，就越高兴，然而，这些大多都是正在流行之中的货币。我们对那些收集而来的货币大多都不会体现出很大的热情，然而，收集邮票就比收集货币更加流行，因为邮票的种类特别多，地域也特别广，几乎所有人都可以轻而易举地收集邮票。

和别的癖好一样，收集的癖好也会产生特别的好处。收集可以让自己在忙碌的工作之余放松心情，即使是在收集变成一种正规的商业行为的时候，仍然可以维持那种对收集的热情。那些收集的东西，除了自身本来就有价值以外，还可以带来别人的价值。收集的人能够获得一种刺激感，首先是以为自己找到了罕见之物，其次是自己可以占有这种稀罕之物，再次是可以超越别的收集者，最后是获取的时候采用的妙招。

在收集这个领域中，贵族阶级喜欢搜集艺术作品，社会上的有钱人总觉得自己必须要收集一下名人画作、帷帐和地毯等，也就是历史上那些价格惊人、稀少罕见、闻名世界的美术作品。所有的这一切都让人产生一种强烈的兴奋感，以便人们把在忙碌的工作中无法发泄的情绪都发泄出来。

任何一个人都不会为了保养身体而去工作，然而，很多人是为了保养身体才去搜集特别的东西——为了精神放松和收集并获得的喜悦。

收集对人也是有教育意义的，很多小孩可以从收集到的邮票上获取地理知识，这几乎和教科书上学到的地理知识一样多。博物院这样的教育机构特别重要，收集艺术上和手工业的作品，能让我们获知人类曾经发生过的事情。收集关于科学的东西，就能大概地了解自然界。这两类收集都能使人的兴趣更广泛，提高他们的欣赏力。

然而，欣赏一些东西，和占有一些东西所带来的感觉是不一样的，就像听音乐和弹奏曲子完全是两回事。音乐都是由那些业余的音乐家保存下来的。"业余"在法语中的意思是"爱好者"。收集是因为你的热爱才去做的，尽管你同时也会产生一种占有欲和求知欲。

收集从根本上来说只是一个人的事情而已。某个人收集的东西也许在别人眼里只是一堆垃圾，对于那些对此毫无兴趣的人和那些没有收集习惯的人而言，你只是在收集 些浪费钱财的垃圾罢了，因为在他们的心理结构中不会产生这种收集的欲望，他们所热衷的也许是运动，也许是赌博。

心理疾病及其治疗

也许人们常听到身边有那么一两个人有心理方面的疾病。人的自信心可以移动高山，但是，如果缺乏自信，就会把小土堆当成高山来看，虽然在别人眼里那只是平坦大道而已。一样的身体既可以产生肉瘤，也可以治愈肉瘤。这样的情况有很多，下面将要谈到的就是其中之一。

钟斯在36岁之前是一个特别健康的人，在一家稳定的公司工作，36岁的时候，他的胃部出了一点问题，经常生病，工作也做得很浮躁。他也像别人那样想要治愈自己的疾病。他查看了很多相关的医书，也看了很多医学方面的广告，后来他确定自己患上了一种特别少见的血毒，连医生也没办法为它命名。他觉得自己肯定在什么时候吃下了一个有毒的血块。通过长时间的休息之后，身体仍然没有好起来。他辞掉工作，用全部的时间来治愈身上的疾病。他跑了很多医院，其中有一家医院的医生对他描述的病症有些不耐烦了，就让他在身上贴硫磺油膏，结果病情越来越严重了。

后来，讲述这件事情的爱丁堡布利哲医师就想到一种治愈的办法。他很清楚，患者无法打破自己脑中的血凝观念，所以他就写下一篇文章，说自己可以治愈血凝，让那个人感到很满意。医师让他去从事一种户外的职业，有时候还给他注射一点砒素，让他感到自己的病被人重视了，而且还让他答应在6个月以内不要去看任何医学方面的书籍，也不要去找任何医师治病（其中包括布利哲医师）。果不其然，6个月以后，他就完全康复了，他心理上关于血凝的概念也全部清除了。并且他还说，如果没有布利哲医师写的那篇文章以及自己对布利哲医师的承诺，也许他的病永远也好不起来。

然而，钟斯自己是患上了疾病，只是因为他深信血凝的原因，过分地扩大了疾病。正是这样的心理作用，把一个小土堆变成了高山，但对布利哲医师的那篇文章产生的信息又把高山移走了。他的疾病主要是因为他自己看的医书和对自己的催眠产生的。布利哲医师也选择了这样的办法，让他从疾病中走出来。以前医师是不会把药方交给患者的，然而，他能对患者说，这种药将会怎样在脖子上停留6个月之久，相信自己有能力可以治愈疾病。对于每一种病症，医师都要利用最初治病的工具来治愈患者，这种治愈的方法也让患者觉得很满意。

假如我们获得了这样的印象，认为所有的疾病及其治愈的过程都这么一清二楚，这么容易，都是一个类型的，那就大错特错了。大部分人都会觉得这样的疾病和身体虚弱，肯定是因为身体患上了大病，所以感到很害怕。如果得了某种疾病，或者做个开刀的手术，就会害怕旧病复发，或者陷入再度溃烂的恐惧之中。大多数的人都处于一种模糊的恐惧之中，而并非坚定地相信自己的疾病可以治愈，要么就认为某个医师弄错了，接着又去找别的医师，要么就是暂时性地放下了，过段时间又变得更加恐惧。

消除心魔原本就是一件需要耗时的事情。一个人对自己所患的病太在乎，就会很容易夸大事实。治愈的办法就是要让患者清楚地看到自己到底病到了什么程度。假如有一种截然不同的信仰，那就要打破过去的习惯，这就需要用到心理治疗法了。

这并不是什么稀罕事，只需要一个聪明的医师去运用这种治疗法。最佳的办法就是在精神上加以引导，而不能贸然地去抵制那本来就混乱的思维。

星期五与十三号

有时候，在日历上看到某个日期的时候，我们就像受到责罚一样，但这个日期过去以后，却又像刚刚过了国家大选一样，好像大家都获得了拯救。所以，无论什么时候发生了重要的新闻，"星期五与十三号"永远都刊登在报纸的最前面。报刊的编辑说，这是因为民众要求这样，而民众却认为，这是报刊的编辑在特意提示他们。说到底，所有人都不相信这种事情，可是所有人都在做这样的事情。这种日期对旅行、建筑、求医和酬谢等都产生了影响。纽约在星期五就不再让船出行，这还是最近发生的事情。小说家德莱塞先生曾经说过，自己在纽约一家公寓的14层住着，却发现自己楼下是12层。如果你邀请了14个人一起吃晚饭，但其中有一个缺席了，那么这13人中就有一个人会离开饭桌。据说在巴黎请客吃饭的时候，总会为第 14 个人准备一个空位。尽管火车里准备了第 13 个空位，然而，很多并不迷信的人也总认为，把这个不吉祥的座位让给别人更好。美国人为何会产生这样的成见，这一点很难解释，而且美国建国的时候就是 13 个州，直到如今，国旗上仍然有 13 条蓝色飘扬着。

　　一件事情的起因和这种盛行的信仰并没有太大联系，就像理性和这种信仰没有关系是一样的。如今大家都肯定这种信仰是源于耶稣基督及其十二个门徒之间进行的最后的晚餐（特别引人注目的是桌子上只有 13 个人），而星期五就是耶稣被钉在十字架上的那一天。然而，对于吉祥的日子和数字的迷信，比基督的事迹传播得更为久远也更为广泛，3 和 7 都是人们觉得特别重要的数字，可是也像 13 那样是奇数，因为普通人好像总觉得偶数很寻常。在念诵符咒的时候，一定要进行三次才有效果。之后所说的三位一体，就包含了圣洁的意思。现在火车的抽烟室中，关系很亲近的客人不愿意用 1 根火柴来点燃 3 根纸烟，以防三人之中的任何一个遭遇不幸。

　　假如你深入地研究这种迷信，就能够探究到一个同样的原因，这个原因就是普通人对一件事情的细枝末节之处也看得特别重要，并认为它会影响到未来。可以说，这也是一直趋利避害的仪式，而怎样才能发现吉兆或者凶兆，怎样举办仪式，都是就这一点发展起来的。

　　什么时候最适合婚娶生育，什么时候最适合外出旅游，什么时候最适合耕种，什么时候最适合打猎、打仗、吃药、做手术等，这些都是一个个需要面对的问题。这些事情都会受到风雨、气候、猛兽、瘟疫、敌人等的破坏。假如你不小心应对，这样的真正的危险和那些"鬼怪"就会前来迫害你。

原始人应对的办法就是在合适的时候，用合适的办法去做合适的事情。而确定对错的标准，都是出自他们偶然之间的想象，其中往往会夹杂一点点理性。只要第一次是按照什么方法做的，那么往后就会沿用这种固定的办法一直做下去。所有人都这么做，那问题就算是处理好了。

也许最容易的合适的办法，就是按时间循序来安排这一切，这就是占卜的方法，就像如今的小孩玩的数韵脚的游戏，以前人们把这种游戏当成一种奇妙的法术。所以，用数字来推演到各种各样的事情上，然后就变成一种大范围内的关于预言和算命的学术。命运是好是坏，都取决于数字，例如，七爷生下的第七个儿子有治病和先知的能力。在上古时代，一个埃及人要做手术，或者需要从人体中取出一点血的时候，最重要的是要查清楚，何时最适合做手术，何时最适合取血，而不是像现代人这样，只需要去找一个最合适的外科医师，不需要去考虑别的任何事情。

"假如你在兰特缔结姻缘，那么你就不会幸福。""五月里结婚，子孙必夭折。"如果你深信这种禁忌的事物，那么也许你一辈子都结不了婚。现在我们不信这种荒唐之言，并不是因为我们可以证明它们是错误的，只是因为我们已经跳出了这种迷信思想的牢笼。星期五和十三号只是作为一种古董而流传至今罢了。

为何要向右走

人类有多少习惯是天生的，又有多少习惯是后天形成的呢？就全人类而言，我们几乎都是用右手做事，可以说，这是一种幸运。例如，如果很多人在一张桌子上一起吃饭的时候，有一半的人用左手吃饭，另一半的人却用右手吃饭，那就会看起来很愚笨，也可能会影响到坐在旁边吃饭的人。如今很多行为举止都是一致的，这都是习俗和锻炼出来的结果。然而，还是有一些人天生就喜欢用左手做事，而且还无法改正。有一些人认为，原始人就是喜欢用右手，因为心脏在左手边，事实是不是真的就是这样，我们也不能肯定。

尽管人类自古至今都习惯性地使用右手，在很多地方都会对我们为人处世的方法产生影响，还有很多古代的风俗习惯，仍然会对现代的人们产生影响，可是你之所以会向右走，并不是因为你习惯了用右手的缘故。用右手拿矛或刀，用左手拿盾牌，那么身体的左侧就变成了受保护的那一侧了。每当武士上马与他人比武或者打仗的时候，走在左边容易占据优势位置。在骑士变成马夫的时候，这样的习惯仍然没有改变。一个习惯用右手的骑士往往会从左边上马。因此，直到今天，在英国和意大利的大街上，骑马和赶车（包括现在开的汽车）的习惯都是靠向左边。

赶路的规则表面上看起来好像是错误，事实上却是正确的。在骑马或者赶车的时候，如果在左边走，那么你就做对了。如果你要走右边，那么你就做错了。然而，当人们走在路上的时候，却又有一种完全相反的风俗习惯。如果你往右边走，那么你就平安无事，看起来做人很聪明，事情也办得不错。

这两种习俗是自相矛盾的，一种习惯是为走路而形成，另一种习俗是为骑马而形成的。这两种截然不同的规则不利于人们一致行动。当今社会的交通规则问题特别严重，整个世界有一半的地区是需要用到车的，因此，所有人一致行为的规则绝不能缺少。世界范围内的交通工具越来越先进，那么就更需要世界人民的行动更加一致。就像在海上出行的规则一样，全部都是走在右边的。

然而，如果你具备管理道路的特权，那么你就有自由地制定规则的权力。在美国只有3条铁路是往左走的，剩下的全部都是往右走的。假如要把这3条路改为向右走的，那就耗费太大了，因为铁路的交叉口、旗号和支路都是为往左走而准备的。往左走有个不便之处，那就是我们大多数人天生都是用右手做事，所以我们也一样喜欢用右脚，右眼也是我们特别喜欢用到的。在我们同时用两只眼睛看东西的时候，总觉得右边的风景要看得更清晰一些。如果右手动了手术的话，我们做事情就会特别小心。

我们的左脑控制着右边的身体，相比右脑更为发达，具备的才能也要更多一些。因此，我们对右边的身体脏器运用得更多一些。要是勤加锻炼，就可以使右边的身体更加灵敏。

就社会习俗的角度而言，习俗的力量超越了习惯的力量；就个人方面的角度而言，习惯的力量超越了习俗的力量。一个用惯了左手的人，在个人处事、写字和画画的时候，可以按照自己的喜好而用左手。然而，假如他和他人握手，就无法像一般习惯用右手的人那样握手，因为用左手握手很不方便。

此外，因为心脏在人身体的左边，在舞台上演戏的人向自己所爱的女人发誓的时候，习惯性地用左手按在胸部，然而，当一个士兵向国家宣誓的时候，往往总是用右手举刀。在法庭上发誓的时候，我们也是习惯用右手的。为了方便一致行动，风俗给人类的生活带来了很多规则。

自古至今，右手就比左手更干练，更准确，也就更受欢迎一些。相对而言，左手就显得更笨拙，更无能，就像一般人所说的"行左手礼"。还有像"Sinstor"这个字，拉丁文的意思是"左"，也有"倒霉"的意思。"信任"这两个字，也是因为受到右手影响的缘故。

为何你在迷路的时候会原地打圈

全世界的人们都相信，要是一个人在森林、荒野、沙漠、雪地和大雾中迷路了，那就很容易在这一个小范围内原地打圈，要么就是围绕一个螺旋形前进。要是兔子、狐狸、羚羊及别的动物遭人追杀的时候，听说也是这样走的。乃至于爬虫类的小动物，不管它们走得多么缓慢，也都是围绕一个螺旋形走路。难道这是因为动物的体内具有一种圆形或者螺旋形的细胞组织吗？

找到答案的唯一办法就是做实验。在距离堪萨斯荒野的一个平原很远的地方确定一个目的地，接着让受验者用毛巾蒙住眼睛，让他们呈直线形式到达目的地，实验刚刚开始的时候，有些人走着，有些人跑着，还有一些人开车去。假如这种实验转移到水面上的时候，那么有些人就会游泳，有些人要划船过去。所以在这种实验中，人们表现出了各种各样的行为方式。

在这些受验者中，所有人在印象中都认为自己走的是直线，他们根本就没有感觉到自己走了弯路，甚至是在原地打圈。但是，事实上，他们行走的路线基本上都是螺旋式的。可以说，这些实验已然证明了以上的观点。

这些圆圈和曲线都是随意性地向右或者向左走——就像指南针不是往这边走，就是往那边走——甚至于同一个人在同一个实验里，时而往这个方向走，时而又往那个方向走。但是，在这个实验中有一种显著的倾向，那就是他们往往都是要么倾向于左转，要么倾向于右转。

每个受验者要走的路线都不一样。从实验可以看出各种各样的性格——这是研究性格的方法之一。如果你走得很慢，那么你走的路线就是很长很有规律的螺旋形，而且是一路走到底。如果你是一个天性急躁不安的人，那么你走的路线就是特别没有规律，刚刚开始的时候是直线，接着拐了一两个弯，往往又返回原路，只有几条直线罢了。

假如你去观察一个仅有 300 步距离的路线记录，那么你会看到，他们走过的圆圈或者曲线图，小的地方大概直径为 6 码，大的地方直径长达 40 码。在水上游泳的实验结果，和陆地步行的实验结果差不多。一般的受验者走过的路线，大多数都是向第一次拐弯的方向前进，所以，他们走的路线基本上都偏离了真正的路线 90 度。

那些开汽车的受验者，在荒野用 1 小时 1～8 里的速度前进，走的范围也很小，无意识地在一个小范围内打圈，圆圈的直径大概是 13～110 码之间。还有一个擅长开福特汽车的受验者，他开车的时候也会无意识地向右拐，在一个小地方打圈，等车子又到了拐弯点的时候，他才会发觉自己一直在原地打圈。事实上，原地打圈的原因在于你的右腿比左腿长一些或者更有力一些，要不然就是左腿比右腿更长更有力。然而，假如你发现一个人可以向着任何一个方向原地打圈的时候，这种解释就不管用了，而且一个人要向右拐或者向左拐并没有固定的规律。如果你在走路或者游泳的时候，无论是先向前走，还是先向后走，都不会影响你原地打圈的习惯。

这样的习惯和你的肌肉无关，因为如果只是蒙住你的眼睛，让你坐在汽车里，指挥车夫开往这边或者那边，感觉好像已经走到正确的路线上，但事实上你仍然在原地打圈。

所以，生理学家希福尔深信这样的螺旋形组织本来就存在于人的神经系统里。在你打算走一条直线的时候，你以为自己是靠着一种直觉在前进，然而事实上，你并没有依靠这种直觉，而是时刻都在依赖你的眼睛看到的标记来改正你的路线。在你被大雪困住的时候，或者当你身处于类似的树林的时候，或者当你的眼睛被蒙住的时候，那些你觉得可以用来改正路线的标志就会经常改变，以至于你会走上错误的路线。所以，你的直觉——脑海中的向导组织——就会擅自行动，把你引入歧途。

一般情况下，我们是无法体会到这样的感觉的。但是我们行动的时候，它就在发挥作用。这是因为我们的向导组织的知觉特别微弱，即使全部依靠标志，仍然会很容易迷路。如果没有发明指南针，哥伦布永远也不会发现美洲。如果林白没有使用一种特殊的指南针，那么他就永远无法飞渡大西洋。人类可以利用自己发明的东西来弥补自己在知觉上的缺陷，而这种发明出来的东西也正是来源于人类的大脑。

你可以同时做两件不同的事情吗

想回答好这个问题，那就要看你是怎么看待一件事情和很多事情的区别了，一件事情和另一件事情的关联，还有你对于"同时"是怎么定义的，这个问题是值得探讨的。就像我们现在用右手握笔写下这篇文章，还要用左手拿着雪茄，时不时地吸一口雪茄，与此同时，我还要回答好速记员的提问。我在屋内听留声机的同时还在工作。尽管我正当的工作是创作，但与此同时，我还做了很多与工作毫无关系的事情，但我不必在这些事情上投入过多的精力，我把注意力分散在好几件事情上。假如

快
乐
心
理
学

我们全神贯注地工作，那么我的雪茄就会在我没有意识到的情况下燃尽。如果还有其他更多的事情，那么我就无法做好工作。创作并不是一种单一的工作，而是一种需要同时配合其他很多事情，譬如，我要思考自己要说的话，并写下它，还要用到钢笔，还要思考自己写的东西，这些事情都是在同时发生的。这么多的小事情都是属于一项工作的，但我的注意力一定要平均地分散到各种小事情上。

问题的关键是怎样安排好工作，还有做好工作的办法。例如，钢琴师在看乐谱的同时还要看着琴键，他用右手弹奏一个音符，还要用左手弹奏另一个音符，还要用脚踩上踏板，所有动作配合起来才能弹奏好一首曲子。他还能够在弹奏的时候歌唱，仿佛是在做同一件事情。然而，如果让他用右手弹奏一首曲子，又用左手弹奏另一首曲子，那么这项技能就很有难度了。

有人在织毛衣的同时还可以聊天，这就是在同一时间内做两件不一样的事情。然而因为经常这样做，所以同时做这两件事情也没有什么困难。我们也可以在走路的时候说话，然而一旦受到惊吓，就会停下脚步。几件不一样的事情配合起来就可以构成一项工作，就像开车，我们把各个部分的工作凑在一块的时候，就有很多事情需要去做，尽管从严格意义上来说，这几件事情并不是在同一时间内做好的。所以我们可以轻易地学会同时做好几件熟悉的简单的事情。

还有一些人拥有一种特别的能力，可以在同一时间内做好两件完全不一样的复杂的事情，而且还会用到和身体有关的两个不同的部位，这项技能的确很有难度：听说曾经有个年轻的女孩子拥有这样的能力，并且还上台表演过。她可以用一只手弹钢琴，同时用另一只手画画；她甚至还能用两只手拿 2 支粉笔，嘴里也叼着 1 支粉笔，同时写下 3 个不同的字，或者同时写下 3 种不同国家的文字。她在写字的时候，用左手从一个单词的最后一个字母开始写，所以两只手可以向着同一个方向写字。她可以用左手写字，也能用右手写字，还可以同时用两只手写下两个倒转过来的字。这是因为她对自己将要写的字极其熟练，所以，她可以按照自己心里的印象写下。譬如"她能用两手分开写字"，她写下的这九个字，其中几个固定的字是用右手写的，而别的字都是用左手写下来的。

这个女孩子尽管拥有了一种特别的能力，但是她做的这些事情却只是普通人经常做的事情，只是她做得稍微复杂一点而已。只要是有学习价值的事情，我们都能经过锻炼而做好。曾经有一个人发明了一台打字机，可以同时打两个字，他觉得还可以让速度再高一倍。他自己使用这台打字机的时候感觉特别方便，然而，却没有人愿意买下他的发明专利。很多人宁愿去学习那种一个字一个字的简单打字法，也不想在同一时间内做两件完全不一样的高难度工作，人们不会提倡大伙儿都来向那个年轻的女孩子学习。有一些人在一些高难度技能上用心良苦，确实特别有趣。说实话，这些高难度技能都是通过刻苦训练获得的，而不是用变戏法获得的。

第五章
远离抑郁的法门

快 乐 心 理 学

匪夷所思的失败者

　　我是一个很不成熟的心理医师。我在一个小城市工作，这里所有的医师都没有自己特别擅长的方面，总之什么疾病都可以看，只是别人都知道，我对心理方面的疾病更感兴趣一些，因此，凡是患者得了心理方面的疾病，大多数都会来我这里就医。如果是情况较为严重的，我就会介绍患者去附近大城市的精神科专家那里去就医。可凑巧的是，最近到我这里来询问心理疾病的患者特别多，我却无法判断出他们究竟得了什么大病。大多数患者都是在社会上混不好的年轻人，在学校的时候，他们本来都是优秀的学生，成绩也很好，可是一进入社会就总是无法正常工作。他们喜欢大学里的生活，正常毕业后，想找一份与专业有关的工作。可是结果却是他们到处游荡，缺少解决实际问题的能力。别人总感觉他们做事情很奇怪。他们衣冠不整，意志不坚定。也许他们渴望早点结婚，可是却又好像在等待有个女人来追他，况且他们没有经济来源用来结婚。他们不知道自己究竟能做什么，不知道怎样去找一份自己满意的工作，即使找到工作了，在工作场合除了任人使唤以外，自己不会主动去做任何事情，而且大家都很好奇，为何他们不能积极进取。后来他们来向我咨询心理问题，可我也不知道这是怎么回事。类似于这样的人，到底患上了什么疾病呢？

从医师或者心理学家的角度而言，那些心理承受能力差的年轻人是最令人忌讳的，因为不能用言语吓他们，也不能说他们的病非常严重，不能说他们天生就是这样，无可救药。然而，一个医师要拯救可以拯救的人（其中包括了绝大多数的患者），同时还不能忘记还有那么几个人在年轻的时候心理就停止成长了，就像上文所说的那样。

对于这样的人，医师不只是觉得匪夷所思，还会觉得很需要谨慎行事。他知道（就像很多社会工作者所知道的那样），很多年轻的男人和女人在小时候是正常的，可是一旦成年，他们的心智就停止成长，甚至是退步了。他们发育不成熟，就不知道怎样去处理工作、责任和婚姻等事情。他们看起来越来越令人奇怪，以至于最后只能确定他们无法再继续成长了，往后就停滞不前，甚至是退步了，彻底堕落了。

对于这样的疾病，心理医师用一个专有名词来形容，然而在这里不必告诉一般的读者，只要大伙都知道有这么一回事就行了。还有很多其他的病症从表面上来看和这种病是一样的，不同的地方在于假如进行好的引导，还可以返回正道，如果可能的话，还可以做出一点事业来。以上所说的那些人就是匪夷所思的失败者，或者是那些即将失败的人。他们需要一种与众不同的救世主，以便自己恢复正常。

拯救这种人的方法，就是要想办法让他们恢复正常。有一些人是因为在错误的道路上走了很远，现在最佳的方法就是要尽快地把他们找出来，并指导他们做一些实实在在的事情，比如培养对于户外的爱好——最关键的一点是要做实事。只需要他们热情地做一些事情，不管是什么事情——不管是制作一样东西、敲敲打打、收集还是可以挣到一些钱的活儿。他们大多数不会主动去做这些事情。他们不喜欢玩耍，对什么都没有热情，不会"迷"上什么人，不会沉湎于某些事物，也无法走进生活中的游戏。他们的精力都用来向内发展，而不是向外发展。他们喜欢做梦，喜欢读书，沉默寡言，还经常表现得很羞涩，可是他们的心智已经停止成长了。

固然，我们无法完全禁止他们读书，禁止他们讨论，然而不能让他们太放肆。我们应该让他们把心智用到外部世界。他们急需独立起来，要自己养活自己。要让他们经常观察外在事物，让他们做一些事情，参与管理，要穿戴整洁，注意外表，要他们明白，这个世界充斥着各种责任、工作和事情，而不只是一个空有梦想和优哉游哉的世界，也不是一个需要别人来照顾的世界。对于正常人来说，这些事情自然就学会了，可是他们却学不会。他们需要有人提供特别的帮助，并且一定要趁早。

帮助这种人会有一些难度，但是有很多孩子自然而然就度过了这个难关，而且做得还不错。一个人如果能找到自己，而且可以按计划前进，那么就可以拥有自己的地位，这是他生命中最关键的地方。有很多人一定要通过一些训练之后，才能获得自己的地位。他们一开始就需要他人的帮助，并且后来也经常需要帮助。假如他们无法获得适当的帮助，那么他们就会变成一个匪夷所思的失败者。

治疗情结

快
乐
心
理
学

我从小就有意无意地和很多人结了仇。我经常会默默地想一些问题，并很轻易地把这些问题扩大化。对于自己身处的环境，我总是持有破坏和批评的态度，然而与此同时，又感到自己没有能力去改变环境。我对自己要做的事情（包括结婚），既害怕，又敌视，而且无法接受他人对自己的批评，可我的丈夫正好是一个喜欢挑毛病的人。你瞧，我可以剖析自己，却无法拯救自己。在我结婚以前，特别无法适应周围的环境，并渴望婚姻能够使我的性格有所改变。然而，我的丈夫在种族、信仰、教养和人生理想方面，都和我截然不同，与我唯一相同的是，我们都特别容易发脾气，我们两个人都为此感到害怕。我渴望自己能够有所改变。我用了应用心理学中所"确定"的办法，结果却弄巧成拙。我一直以为，催眠术对神经质的人能起到很大作用，只要能正确地利用催眠术，最后肯定可以获得良好的效果。我特别好奇，为何精神病院没有利用催眠术来治病？

另外我还想对你说，几年以前我曾经到过一家医院，和医师聊了一个小时，他认为我并没有得病，结果我白跑一趟。从此以后，我好像比从前更加无法克制自己的情绪，也变得越来越恐惧。我要去哪里才能获得拯救呢？我的神经越来越混乱，而且好像在不停地进行恶性循环。

——一个失望的人

可以说，她这样的人是产生了一种情结，这种情结让她的情绪很不稳定，心里充满了怀疑、恐惧以及恼怒，甚至还产生了一点骄傲。她所有的情绪都在妨碍着快乐的到来。这种情结主要出现在人年轻的时候，很多小孩子就有这样的情结。从某个角度来看，她无法摆脱小时候的那些情结，她从小就不懂得克制自己的情绪，易于愤怒，仇视他人，恶意地批评他人，无法适应周围的环境，特别想改变自己却无能为力，这些都是从她小时候开始就已经养成的放纵情绪的坏习惯。

我们固然无法使她回到小时候再对她进行新的引导。然而如果我对这个"失望的人"分析正确的话，那么，我提议再次对她进行引导。"失望的人"对自己很了解，因此也特别了解治疗的办法，说明她的自控力有所提高。

其一是有关于催眠术的问题，我建议她千万不要太看重催眠术。也许催眠术对他人能起到作用，可是对她却没有用。其二，所谓的"确定"的办法、"新思想"和应用心理学等，她都已经努力地尝试过了。她渴望从牢笼中逃出来，这当然主要是依靠自己的努力，然而，假如她想获得自由，仅仅依靠挣扎，是永远也达不到目的的。我重申一次，如果要治好她的病，那就需要她忘记自己的病，因为她总在牵挂自己的疾病，这就已经确定她不可能成功了。她把自己身上的问题扔进去很多，却一个也不能拿出来解决掉。

现在的解决办法就是，忘了自己的病，别总是渴望摆脱，与此同时，还要培养一种特殊的兴趣。她需要的是他人的帮助，而不是医师的治疗。她需要的是有个人可以去指引她脱离自己的病。这种事情不是一朝一夕就可以做到，首先要做的事情就是把她带入正道。所谓的正道是由很多特别的情况决定的，在这里就暂不探讨。她并非命中注定就是一个悲剧，而只是很可能变成一个悲剧。因为已经有很多人成功地打败了自己的情结，并让自己的性格变得正常了。

她的失望并没有达到无可救药的地步，因为她这种情况是经过很多年时间慢慢地形成的，自然无法在短期内彻底根治。也许有一些心理学家对这个问题持有异议，原因在于他们觉得有一些心理病状只是一种特别的情结，造成了激烈的心理矛盾，对于这种特别的情结只要稍加改正，患者就可以恢复如初。也许这样真的可行，可我还是觉得这个"失望的人"病症已经根深蒂固，短期内是不可能根治的。然而不管从哪个角度来看，我觉得她要恢复正常，还是有很大的可能性的。

一个桀骜不驯的女儿

　　我的女儿今年 11 岁半了，大概在 1 年以前，我还以为她接受了正确的教育，然而，现在看到她这样，心里却很不踏实。我这个女儿特别聪明伶俐，有着坚强的意志，只是很怕我这个父亲，因为我对她管得很严。后来我改变自己，对她温柔一点，说话的时候尽量轻声细语。可是，假如我想要让她改正错误的时候，她就会反驳道："任何人都不能逼我。"夏天去野外露营的时候，她已经可以完全适应野外的生活了，在学校里，她的学习成绩也很好。让我生气的是她对我不够尊重。我偶尔也会因此责备她，可我不知道这种责备的方式是否正确。很久以前，我就想送她去读寄宿学校。另外，我再告诉你一点，她特别喜欢宗教。

——F. S. P.

　　和别的很多问题一样，这个问题既普通又特殊，说它普通，是因为对于很多孩子而言，特别是男孩子，他们宁愿遵循集体规则，也不想屈服于父母的管制。所以，在野外露营和在学校生活对这些孩子最有帮助。这是为什么呢？因为孩子会遵循露营和学校的规矩，觉得自己并没有屈服于某个具体的人，他们宁愿遵循集体的规矩，这种规矩制定出来并不是专门用来约束或者管制他们的。这就是为什么独生子易于变得任性和放纵的缘故。

　　说它特殊，是因为他女儿的这种异常的行为仅有 1 年。也许你觉得，这是因为父母管教孩子的方式不一样（这是坏事，可是很难逃避），这仅是其中的一部分原因。因为那些年龄大些的女孩子在这样的差别还不明

159

显的时候就已经长大了，因此她们不会抵抗。那些过于抵抗的孩子大多数都是因为年龄还小，等他们到了十一二岁，就会慢慢地被引导走上正道。

既可以用威吓的办法来管教孩子，也可以用温柔的办法来管教，而我支持后者。如果父母和孩子可以用爱来沟通，那么这是最为宝贵的。尽管有时候，敬畏之情是出于胁迫，但是，真正的尊敬是源自于爱的。你想要你的儿女在十一二岁的时候就可以表达对你的尊敬，这是人的正常情感需要，然而，年龄再小一点的孩子却很难做到这一点。但是不管孩子多大，尊敬是绝不能用逼迫或者命令来获得的，一定要让自己的子女心甘情愿地尊敬自己。相对于孩子对父母的尊敬这一点而言，有一些父母更喜欢孩子亲近自己。

这个问题发生得很普遍，而且后果非常严重。问题的关键之处在于，很多敏感的孩子都喜欢去抵抗死板的规定。他们并非是真的出于恶意才那样做，但是假如你经常压制他们，就会让他们真正变坏。他们被父母"压制"，自然会产生强烈的反抗心，也就会过得不幸福。父母固然应该担负自己的责任，执行自己的权利，但是，你一定要用恰当的办法来实现目的。有时候，父母喜欢用动粗的办法来逼迫孩子就范，但是你别忘了，这样做的代价是非常大的。

你要明白，孩子有自己的个性并不是一件坏事，尽管这种个性会让人觉得很恼火。父母要做到像圣人那样对待自己的孩子，才能真正地管教好自己的孩子。有一个小学的教导处主任就生了一个桀骜不驯的女儿，他告诉我说："我这个孩子从来就不想听从任何管教，性格俨然是一个领袖，可是，假如她不能学会屈服，那么她最后只能沦为一个暴民，而无法变成真正的领袖。"

　　我再次重申一下，管教的办法在于怎样去执行。治疗心灵的药，不是从药的成分来考虑，而是从患者的反应来考虑。假如孩子仅仅是表面上服从了，却在心里非常抵抗，那就没有丝毫作用。你还可以注意一下那些性格温顺的婶婶、叔叔或者朋友，他们其中就有一些人会让孩子变坏，让孩子产生抵触心理，而其中有一些人就可以帮助孩子变得很善良。

　　对于上文中提到的那个女儿，我觉得让她去读寄宿学校是不错的解决办法。况且，她年龄也大了，假如可以适应集体的生活，也许她就可以从此变好了。然而，还应该想到一个问题，她自己到底是想去读寄宿学校，还是不想去读寄宿学校呢？她会不会因此认为自己被抛弃了呢？或者她会认为这是一个不错的学习机会？我希望她的想法是后者。

　　任何学校都无法代替家庭的教育。然而，从经验角度来看，很多孩子在学校比在家里过得更开心，更舒服。现在我们不说教育的问题，就说说孩子怎样维持正常心态。一个擅长让孩子维持正常心态的人，一定是把自己的真心实意隐藏起来了，原因在于他是一个艺术家。上文中提到的那个女儿就是一个性格激烈的孩子，然而，她是否同时也是一个过于敏感的孩子呢？有时候迫不得已，医师要打断患者的一根骨头才能把患者治好，然而你要打破一个孩子的意志，那就会造成灾难性的后果，除非是不得已而为之。学校生活能让孩子养成一种平和的心态，在寄宿学校接受教育以后，也许就是 1 年以后，她的性格就会有所变化，会变得更温顺，那么你还是送她去读寄宿学校吧。

对性别的敏感

希望你别公开我的真名，请悄悄地告知我一些为人处世的方法，行吗？我也可以向你倾诉我的问题。

别人都觉得我这个人看起来很死板，我自己也感觉到了在与异性交往的时候，总是浑身不自在，但我也不知道这是为什么。有人对我说，原因在于我的神经太过敏感，所以我极力改正自己，参加了一个游泳社团，我每个星期都去社团里游泳两次。我感觉其他女孩子都没有我这么死板，我渴望自己可以改正这个缺点。然而，每当和男人一起游泳的时候，我就觉得自己被玷污了。并不是因为我做错了什么事情，只不过总觉得自己很笨，不大方，也许你可以向我提一些意见，帮我摆脱这种坏习惯，从我加入游泳社团以来，我好像觉得自己的思想更纯洁了，可是这还是无法彻底帮我改掉毛病。此外，还有一个毛病困扰着我，我喜欢偷窥别人的男友，我特别希望摆脱这个坏习惯，不想让别人觉得我这个人不好，不想让别人觉得我性格多疑。我想，你肯定以为我会因为这种想法而困惑，甚至头疼。坦白说，我的确经常头痛，也许这是因为我对所有事情都想得太严重了，但我真的不希望这样。

——J. B.

这封信坦白了她自己身上的毛病，并且引发了一个特别重要的问题。那些对于性别过分敏感的年轻人，要比对神经过分敏感的年轻人更多。然而，这两者容易被人混淆在一起。就人生目标而言，我们称自己是人类，然而，从严格意义上来说，世上并没有人类，而只有男人和女人。

人在很小的时候就开始对性别过敏了，只是人并不是从婴儿时期就开始敏感，而是从孩童时期才开始变成这样。同诚实和幽默的感觉一样，性的感觉也会历经不同年龄阶段的发展。孩童时期被我们称为天真时代，当然没有错，但把它叫作无知时期，也许更准确。

孩子对性别的过分敏感，与他们的喜恶和能力存在着极大的联系，同时和社会风俗也有很大关系。最早是男孩子发现了女孩子很容易被人恶作剧，也许就是同一时间，女孩也发现了男孩的这一特点。恶作剧中带着一种勾引的意思。

我们应该重点注意到男孩和女孩在十几岁的时候所经历的青春期，这个时期是他们心理变化最大的时期。尽管如今的年轻男人和女人就像以前那些小孩子一样，然而，他们的兴趣爱好却变化很快。他们的情感也越来越深沉，他们的行为举止也越来越绅士。男孩渴望和女孩亲近，而女孩看起来有点喜欢搔首弄姿。

假如要带一个 10 岁的小孩去看电影，当屏幕上出现了有关爱情的场面的时候，他就会想到或者说出来这样一句话："删除这一段吧！"很多年以后，他却最喜欢看这一段了。一个 10 岁的儿童会觉得骑士去为一个女孩铤而走险是一件很愚蠢的事情，然而，一个 15 岁的孩子却会认为，经过英勇的冒险获得一个姑娘的芳心，这是应有的回报。

在人的年纪越来越大的时候，就会对各种各样与性有关的事情变得越来越喜欢，而对异性的喜欢，也是人正常心理的一个特别重要的部分。对于性的态度，我们可以发现这样两种截然不同的特点或者心态。其一是过分积极的人，这类人特别热情，特别深沉，性欲也特别旺盛。其二是过分恐惧的人，这类人的态度是回避的羞涩的，缺乏向异性献殷勤的勇气，而且对待异性无法像平常在家里那样自然。正常情况下，在性方面太过压抑和太羞涩的人，比一个性开放的人更受煎熬。但是人们总是以为别人比自己过得更好。

也许只有聪明的人才能指导 J. B.，或者别的和 J. B. 有着同样病状的人才知道怎样摆脱这种愚蠢的行为。也许指导 J. B. 怎样去行动的人也是一个笨蛋。男人对性的感觉只能代表男人，他不会理解，为什么女人要把性看得那么重要。他并不明白，为什么女人喜欢男人，男人会因此而变得自大，反而觉得这是女人身上的缺陷。

J. B. 特别希望自己对异性的心态可以变得自然和大方，然而，假如她可以正视自己对于性的本能冲动，这也是很好的。正是因为有男人和女人的存在，世界才会充满乐趣。让男人和女人的关系更健康地发展，会让生命更有活力。

如何医治神经衰弱

神经衰弱已经折磨了我几十年，实际上，还是我近来看了比尔德医师（最先提出"神经衰弱"这个说法的美国医师）的书，才知道自己得了神经衰弱。我以前只知道，从传统的错误观念来看，这是因为身体机能出了问题。现代医学却把这种病症解释为人格分裂。我知道的所有事情就是上文提到的，我没有力气持续研究自己的病，也没有足够的钱去看神经病专家，更没有自由去死。我不愿意用自己的杂碎的人生经历来打扰你，但我可以和你说几个重要的问题。

我现在面临的最大问题就是容易疲劳，没有力气，神经衰弱，疲劳过度——这些情况你都已经知道了。我现在只有 25 岁，还在读大四。我以前是一个健康而有活力的普通人，在我的家族遗传史上也没有这样的病症。我读中学的时候，前几年成绩都很优秀。中学毕业以后，我在社会上参与了许多工作，然而这段时间里，我出现了各种各样的苦闷、疲劳和神经衰弱等现象，这让我无法做好任何一项工作。20岁的时候，我上了大学，在大学里那些苦闷、疲劳、神经衰弱、心神不宁等现象丝毫也没有改善。我之前总觉得自己是吸烟中毒了。可是后来在进行细致的检查之后，医师说我的身体没有什么问题，只是需要多多休息，因为我的毛病是属于精神上的。

我感觉自己患上了抑郁症。所以，我去图书馆找了这方面的书来看，赛德勒医师的话最令我信服，他认为，唯一治疗抑郁症的办法就是让心灵不再空虚，让心灵变得充实。所以，我开始看小说，还做一些算数，以便使心灵活动起来，然而，这样做的效果很差。直到今天，我的病越来越严重了，只要走上五步就开始觉得疲劳了，可每当我看到希德所写的对疲劳的恐惧感，我又会努力地坚持走下去。我用了很多方法，都无法医治我的疲劳和神经衰弱等疾病。

像我这么虚弱的身体，可以坚持到大学毕业（其中休学了两个学期），这真是一个奇迹。我只能趁着精神不错的时候，强制性地把知识往脑袋里塞。我觉得，如果我结婚了，也许我的病就自然好了，然而，我如今这么苦闷和疲劳，已经妨碍到了我与他人正常的交往。所以我觉得自己现在唯一能做的事情就是任由病情发展下去，往后再看有没有机会治好。

——B. E.

从这个患者坦白的话中，可以看出他对自己病症的想法。从他自己的角度来看，自己并没有得病，这只是他生活中一个令人恐惧的现象。

神经衰弱症是极其普遍的，但又是极其可怕的。假如你想打发这个魔鬼，一定要用白天的光明来照亮你内心深处的黑暗。

这种倒霉的人眼中的魔鬼，比现实中存在的魔鬼更加令人恐惧。他明白自己要去找相关书籍来阅读，然而，他在书上了解到的知识，其中错误的知识和正确的知识都有，而且数量相当。像这样模棱两可地去医治自己的精神病，是特别危险的事情。

我们现在对神经衰弱了解得太少了，然而有几点特别清楚，首先是和人性有关。这并非是说你天生就带着神经衰弱的基因，而只是说，你只要有这样的倾向，那就很容易患上神经衰弱症。有一些人的神经系统特别强大，能够忍耐很大的难处和风波，还有人生中遇到的各种各样的烦恼和悲剧。另一些人虽弱不禁风，但是在风中摔倒之后，通过一段时间的适当的休养，就可以恢复如初。

假如很早就发现自己患上了神经衰弱症，那么就能证明自己有天生的神经衰弱症。然而，年轻人的身体总是要相对硬朗一些。有一些人要到 30 岁或者 40 岁的时候才会患上神经衰弱症，那是因为生活压力过大的缘故。

患上神经衰弱症后，最显著的特点就是易于疲劳，这种疲劳源于恐惧和苦闷。假如一个人对于疲劳特别敏感，那么毫无疑问，他患上了神经衰弱症。除了患上了神经衰弱症的人，其他任何人都不会了解疲劳意味着什么，因为他们感受的疲劳就和将死之人一样。也许这是在他们体内因疲劳产生的有毒物质造成的。另外还有一个显著的特点就是会因自己的虚弱而引发烦恼，也就是所谓的抑郁症。最后还有失眠和别的各种各样莫名其妙的痛苦。

当你觉得病情加重的时候，就会出现 6 个显著的症状，即疲劳、恐惧、苦闷、生病的感觉、失眠和痛苦。这种病症有时候会持续几个星期，有时候是几个月，甚至有时候要持续几年时间。另外，还有一种伪装出来的神经衰弱症，也就说病人并没有真的很疲劳。世界上有很多神经衰弱症病人，如果他们病得并不是很严重，又可以获得适当的治疗，那么就有希望恢复如初。

对 B. E. 和别的与 B. E. 有同样病症的人而言，我们能为他们做一些指导。假如你是一个神经衰弱症病人，那么你一定要有自己的想法。让自己顺利大学毕业，这件事情当然会很困难，然而不能顾影自怜，你要知道，世界上还有很多和你患有同样疾病的人，甚至情况要比你严重很多。普通人轻易就能获得的快乐，你却要通过艰苦的奋斗，排除所有烦恼，才能获得精神的安宁。你想要获得的帮助不是依靠他人，你不应该依靠任何人，而要全力奔赴自己的人生。不要去读任何一本有关神经病的书，只需要你明白自己所得的是心理病，而且这种病只有你自己才能医治，这就足够了。还有最关键的一点是要找一个好医师，他可以像亲兄弟那样对你，可以在你需要帮助的时候拉你一把，让他做你的老师、哲学家和好朋友。

B. E.，很难说你为自己的病症所做的一切是正确的，你所用的办法只能让你病得更严重。一个得了神经衰弱症的患者应该比普通人更加主动更加积极地去生活。你以为只要自己结婚了就可以不药而愈——幸福的婚姻的确有利于一些患者，可前提条件是这些患者值得他人去帮助，可是你现在无法让一个女孩以牺牲自己为代价来帮助你，因为你首先要证明自己是值得他人帮助的。

你的病症是一种较为轻微的神经衰弱症，你要用稳定的规律的工作和持续不断的坚毅慢慢地摆脱这些病症。在这个过程中，你肯定会受到他人的打击，然而你每次被人打击的时候，都能多一份动力。另外，你一定要找一个明智的人来指导你，监督你进步，你必须完全信任他，按照他说的办法去做。除非你已经进步得很明显了，否则绝不能莽撞行事。

自卑情结

我为自己身上的缺点（个人以为）烦恼了很多年。这种缺点妨碍了我的心智成长，让我扔掉了一个特长，尽管有人肯定过我有这个才能。所以，我趁机给你写信，我相信你肯定可以给我提一些好的建议，我渴望得到你的帮助。现在我说一下我的事情：我的身体和精神本来都很健康，读完中学以后，我就上了一所法律专科学院。刚开始的时候，我的学习成绩很优秀，一切都很顺利，可是后来有一天，我看到一本关于堂表亲结婚生孩子的书。因为我的父母就是堂表亲结婚的，所以我认为自己受这本书的影响特别大，特别是这本书的作者觉得，堂表亲结婚以后生的孩子大部分都是身体和精神不健康的。

从我看完那本书以后，就完全变成了另外一个人。我心里好像有一种牢不可破的思想，那就是堂表亲结婚后生的孩子有缺陷。我一刻也忘不了这本书中说的话。很快我又听到了一个精神病专家做的一个演讲，是关于心灵残疾的人。他在演讲中说，人类的手形是和心脏有关联的。也许是因为我的神经太过敏感，我看了看自己的手形，感觉好像很小。而我的身高有 5 英尺 7 英寸，体重达到 180 磅，双肩也特别宽阔，可是我的手却像一双小女生的手。我的朋友们也经常会谈到我的手和身体不协调的问题。有时候，我也可以忘记这些无关紧要的想法，并尽力做好自己的工作，可是每次我只要想到这些，特别是我的手，我就对所有事情都没了兴致，觉得自己很渺小。我相信，你肯定可以在百忙之中抽空看完我的信，并为我提出一些建议，对于这一点，我十分感谢！

——H. I. W.

从他在这封信中所说的话，就能看出他的才华如何，但他的才华恰恰体现了他在情感上的问题。自卑感有时候可以掩饰他的自大，这种阻力特别强大，因为只要他感到自己有一点缺陷，就会为此心神不宁。

H. I. W. 的这种状况要改正过来也很容易。他的自卑感太强，不然，他肯定不会只因为看了一本有关堂表亲结婚的书就那么害怕。当然，近亲结婚的后代的身体可能会很虚弱，然而并不是说近亲就无法生下身强体壮的后代。只有极少数人会因为自己的父母是堂表亲而自卑，并严重受到堂表亲结婚不利于后代的说法的影响。

而他的手太小的原因有很多，尽管那已经成为了事实，可是也没有必要总是忘不了那件事。这主要还是自卑感太强烈的缘故。我们都渴望像正常人一样，就算无法超越正常人，但最起码要和正常人差不多，因为所有人都渴望做一个健全的人。女人的手天生就比男人小，要是男人的手和女人一样，那么这肯定会让人不自在。H. I. W. 觉得心神不宁的缘故有一部分就是因为这一点。很多年轻人实际上一点也不勇敢，可是他们会用一些辱骂、酗酒、浮夸和探险等行为，来证明自己做事情多么老练，没有任何儿女情长，实际上都是为了掩盖自身的缺点，因为他们并不会按照自己说的那样去做，他们只是想通过自夸让自己看起来更高贵。人们好像觉得只有抬高自己，才能让他人变得更渺小。

一个人长了一双小手，这只是一件鸡毛蒜皮的小事，因为手再小也不会妨碍人做大事情，更不会妨碍人用自己的智慧。如果他人对这件小事毫不在意，H. I. W. 就会觉得这件事情很正常。艺术家韦斯勒特别骄傲，因为当他的黑头发中出现一束白头发的时候，人们反倒认为他这个人很特别。假如一个自卑感很强烈的人头上出现了这样一束白头发，那么他就会认为自己和别人不一样，就会去把白头发染成和所有人一样的黑头发。手太小并不是身体的残缺，就算身体残缺不全，也不会妨碍到人个性的正常发展。

世上有很多真正患上自卑情结的人，这种病特别难以治愈。然而事实上，毫无必要的自卑感只会引起更多的毫无必要的苦恼，正如我们现在所说的这种病症，唯一能治愈的办法就是："忘了它！"

怎样处理家庭矛盾

如果我的亲人看到了我写给你的这封信，他们肯定会认为我这个人很无情。但是，我的确无法和家人和谐相处。音乐是我唯一的兴趣，可是我在家里所能听到的，只有商业、金钱和工作，除此之外，我听不到任何其他的声音。我家里人让我去上班，他们认为，我在一个默默无名的乐队里拉提琴毫无意义，可是，凭我现在的才能也只能做到这些了。我渴望有一天可以走进音乐艺术学院的大门，因为那样的话，也许我的发展空间会更大。你赞同我为自己做主吗？现在我才刚满20岁，我真的不能再和家人待在一起，因为他们对我的理想不屑一顾。假如无法在良好的环境里生活，是无法弹奏出动听的音乐的。此外，我的家庭非常普通，家里别的人好像都过得很和谐，全家只有我一个人无法和他们和谐相处。

——一个热爱音乐的人

这封信是关于家庭心理学的，信中的话较为温和。我收到了很多这种信件，其中有很多信件都是关于个人隐私的，不方便公之于众，就连这封信也被我省去了很多细节。各种各样的家庭矛盾，应该让那些比心理学家更有智慧的人来协调。因为家庭矛盾涉及的情况特别复杂，涉及的人际关系也很多，外人想要对他们进行引导特别困难。

弗洛伊德也研究过家庭心理学，他觉得，很多因为家庭矛盾而引起的神经混乱的根源都在于遗传基因。他解释道，男孩要是和母亲过分亲近，就会形成对于母亲的深刻印象，乃至因此而干扰到他们的婚姻，因为世界上不会有别的女孩子可以完全像他母亲那样对他。他又说，女孩会把父亲当成所有男人的模板，而男孩往往会抵制自己的父亲，乃至于嫉妒父母之间的亲热。别的心理学家比弗洛伊德更为激进，他们觉得，人类所有的悲剧都是因为家庭矛盾引起的。尽管我们无法完全认可这种观念，然而，家庭在人的一生中所占有的重要位置是绝不容轻视的。家庭关系很好的话，就会有助于我们发展自己的个性，形成健全的心理习惯。

家庭是社会的一个重要的组织部分，这是因为所有人小时候都在家里生活，人类所有重要的特点都是在家里形成的，各种各样的兴趣爱好和生活习惯也是在家里形成的。我们整个人生的行为举止也都是从小时候接受教育开始就慢慢养成了，特别是人类对幸福的渴望，这取决于在家里是否过得幸福。家庭是人类培养自己天性的一个组织，是我们所有生活中最为亲近的世界。如果所有人的童年都是幸福的，那么人生中至少有百分之五十的问题都可以解决了，而另一半问题也可以减轻。

无论家庭关系多么牢固，都难免面临破裂的问题。在家庭关系破裂之前，我们一定要做好准备，当关系即将破裂的时候，父母和孩子的矛盾就没有那么尖锐。在和家庭产生矛盾的时候，年轻的男人和女人特别难以找到一个可以倾吐苦恼的人。有一些人曾经建议过，在问题还没有严重化的时候，假如年轻的男人和女人可以找这方面的专家，在解决家庭矛盾的时候，就不必再闹到法庭上了。这种有关家庭心理学的难题，我们难以确定到底是否需要让专家来进行研究，现在的社会学家反倒是很感兴趣。

世上最常见的家庭矛盾，大部分都与这个音乐人碰到的情况一样。所以，我说的这些话好像可以给他一些引导，可还是无法给予他真正意义上的帮助，那需要彻底地搞清楚他这 20 年来在家里的生活究竟是什么样子。因为他只是把自己碰到的问题简单地说了一下，却没有和我说这件事情的来龙去脉。

假如父母可以明白，儿子对音乐的坚守是因为他把音乐当成了自己一生的事业，所以儿子会冒险去追求自己的理想，离家出走，宁可在外漂泊，无依无靠。缺乏良好的家庭环境，人们是无法顺利地做好工作的。然而，直到今天才想着去改善环境，允许儿子自由地发挥自己的兴趣，为时已晚了。小矛盾可以酿成大冲突，直到最后家庭破裂。任何人都无法阻止一个决心要离家出走的人，也没有任何一个心理学家可以想到一个万能的真理来处理好这种问题。

和世上别的组织一样，家庭组织既有好的一面，也有坏的一面。心理学家全面地权衡家庭生活的好处和坏处之后会这样说：家庭生活是最适宜人类培养自己根基的一种环境。一个健全的人是可以适应好家庭生活的，不会因为家庭生活而埋没了自己的才能，只会让家庭关系更加牢固。然而，一个人选择什么样的事业，还是应该由自己做主。

家庭心理学最关键的一点就在于，家庭是人生中必要的一个庇护所，而且可以指引人生道路，但这种庇护和指引绝不能沦为监牢。说到底，所有人都有自己独一无二的人生路。

被人诬陷酿成的悲剧

有一个思想观念和行为举止都很高尚的人，他瞧不起别人去做无耻的事情，他从未获取过非法的钱财，但是，有一次他却遭人诬陷，让他赔款几千元，可是他真的赔不起这笔钱，也很清楚自己是被人冤枉的，有人要陷害他去蹲监狱。事实上他的确是被人诬陷的。自从发生那件事情以后，他那原本快乐而又健康的身心变得越来越衰弱了，体重不断地下降，人也变得孤独和忧郁起来，工作的时候也没有从前那么卖力了，经理原本许诺要给他加薪，后来也因此取消了，而且还动不动威胁说要辞退他，管理层已经对他产生了很大的意见。在他还没有被诬陷之前，他工作很积极，进步很快，然而，在他被人诬陷以后，他干活越来越没劲，工作粗心大意，总是害怕做错事。几年以后，他的身体好一点了，自己建立一个小公司，刚开始的时候，事业做得很顺心，可是不久以后，他的病又犯了，经常很忧郁，很害怕，很难再像以前那样拥有高尚的思想观念。

再往后他变得越来越讨厌与人交往，不喜欢见到人，特别孤僻。就这个人对待挫折的反应而言，你有什么看法呢？他的问题一开始是因为心灵上的震惊。他应该继续孤单下去吗？毫无疑问，他正在走向孤独之路，并且他现在还忍受有生以来从未产生过的痛苦。

——一个怀抱希望的咨询者

173

这个关于精神问题的悲剧非常普遍，往往会让人联想到，悲剧到底在多大程度上是命中注定的，在多大程度上是人为造成的？对挫折太过敏感，也许是因为人性本来就是如此。然而，我们无法确定它们之间的关联究竟多大，而且每个人遇到的情况都不一样。有一些人一辈子都像钉子那样坚硬，而且无论自己心里有什么情绪，也完全可以不搭理他人的评头论足。还有一些人却对那些轻微的羞辱和粗俗的言语以及不公正的待遇，都非常敏感。

我们不知道怎样去确定情绪知觉在细致的程度上有什么标准，然而，尽管人生下来就会有一些差异，但每个人都可以经过后天训练来获得完善。在我们的身体组织中，有一种组织会让我们对于自豪和羞愧过分敏感。然而，我们觉得自豪或者羞愧都是行为所导致的结果。

别人质疑我们是小偷，或者直接说我们是小偷，这都会让我们觉得羞辱，然而每个人对羞辱的感受力都是不一样的。也许我不是很在乎别人怎么看我，可是你却对别人的看法特别在乎。也许我觉得被人误以为是小偷根本就是小事一桩，可是对你而言，却是一件颜面扫地的大事情。因此不同的人对于被人诬陷的反应都是不一样的。

人类中的一种特性也是一个因素，它决定了我们对遭人诬陷会有什么样的反应，也就是我们怎样去表达自己的羞耻感，还有我们怎样恢复正常心态。近几年来最大的一个悲剧，就是德雷福斯队长案（19 世纪 90 年代，法国军事委员会诬陷德雷福斯队长案），他所有的陆军头衔都被剥夺了，全世界的人民都瞧不起他，他还被流放到一个荒岛上，过着一种非人般的生活，他是无辜的，却遭受很多年的惩罚，幸亏后来有朋友替他喊冤，他才能清洗冤屈，官复原职。试问世上能有几个人，可以忍耐那么久的冤屈，清洗冤屈以后还可以健健康康地回到正常的

快
乐
心
理
学

174

生活轨道呢？

从上述案例可以看出来，人类有着怎样应付冤屈的本能。在信里面提到的那位先生是无法承受悲剧的。我们假定，如果他没有受到任何冤屈，那么他就可以正常地走完自己的一生。我们的耐性都是有限的，如果我们遇到的挫折超出了我们的承受力，那么我们的缺点就一定会导致失败。被人诬陷很容易让人变得消极、敏感、离群索居。假如在良好的环境中，人就不易表现得那么消极。德雷福斯队长可以从天大的冤屈中振作起来，可是信中的那位先生面对挫折的承受力就差太多了。

对人格的过分敏感是一个很重要的因素。人类重视名誉和羞辱远甚于物质，这些都是滋养人的精神的必需品。要是失去了名誉，别的一切都会烟消云散。没面子的事情和羞辱带来的悲剧，这和缺乏物质基础的悲剧一样后果很严重。你的好声誉遭人诬陷，这要比你丢了珍珠更加痛苦。然而，如果人类没有那么重视名誉，社会就无法继续前进了。生来细心的人对于价值感特别敏感，而粗心大意的人却很难觉察到这一点。

性格是在先天本性和后天锻炼的共同影响下形成的，所以我们刚开始只是惩罚肉体，后来就学会了破坏人的精神健康。名誉受损的打击酿成了心理悲剧，而那些痛苦的人和被命运伤害的人，到底是怎样面对自身遭受的悲剧，那就要看他的性格和承受力如何了。压力可以反映一个人是否天生就很软弱，就像一件质量本来就不好的衣服首先会从缝隙处慢慢破裂开来。英勇的人生来就具备强大的忍受力，但很不幸的是，世界上的绝大部分人都不够英勇。

用注射的方法治疗心理病

我是一个女孩，今年22岁。我从小就产生了一种怪异的感觉，总觉得自己很快就会离开人世。我知道这从头到尾都是心理产生的影响，然而，我无法阻止这种念头。

我已经去看过医生了，他给我采用的是注射法，说这么做能让我的精神安静一些。可是我已经被注射五次了，仍然没有任何效果。现在我想弄明白的是，注射法真能治疗我的病吗？医师说给我注射15次，我在想，这么做会不会徒劳无功，白白浪费了时间和金钱。假如你可以给一些好的建议，那就太谢谢了。

——W. D.

医师要竭力去反对所有卖万能药或者假药的欺诈者。假如医师不那样做的话，那么精神病患者就会去找心理医师看病了。医师应该出于正当的动机去为患者注射药物，让患者更快地康复，但很不幸的是，平庸的医师特别喜欢用注射法来治疗心理病。

在手臂上注射药物让精神安静下来，总共要注射15次，按次收钱，这样的方式肯定很容易让患者产生怀疑。这个患者比医师更聪慧，也更坦诚，因为她知道自己的烦恼小时候就存在了。

但是，她这种精神上的过分敏感究竟是因为什么呢？这需要认认真真地考察一下她的病症和人生经历之后才可以断定。只有在查明原因以后，才可以用合情合理的办法加以诊治。假如不是根据以上的步骤来做诊治，那么最好暂时放弃所有毫无必要的治疗，接着另请高明。

谈到那些庸医，我们会同情那些受骗的患者，更为此而羞愧。尽管庸医会给医学界带来羞辱，然而，他们的治病方式却很有趣。一个人假如没有经历过长时间疾病的煎熬，而经常改变治疗方法却毫无效果，那么他就不会理解，为何有一些人只要看到一丝一毫的希望，也会认为那是一根可以救命的稻草，就算是聪明人在生病的时候，也宁愿去进行愚蠢的治疗以减轻病痛。

这是因为极少有人可以承受住病痛的煎熬，特别是那种久治不愈的杂症。疾病让人变得心慌意乱，呼吸不顺，身体难受自然会导致精神的不安。人们也许非常明白自己生病的根源，然而如果神经太过敏感，就会加重病情。这就是为何很多病人明明已经痊愈了，却还要休养很长时间才能恢复正常。有时候，他们形成一种生病的习惯后，就无法再回到以前精神舒适的心理状态。而那些庸医中有一些人尽管医术浅陋，可人还勉强算得上是坦诚，而另一些人却可以为了骗钱而不择手段。

想要理解这一切，就必须先理解费世彬博士所说的"医疗诈骗"是关于精神和心理两个方面的。注射法会使人感到稀罕和神秘。假如一个人可以发明出一种药物，只要注入你的体内，就可以改变你原有的神经组织，消灭你的恐惧心理，那么你就会认为他的医术特别精湛。然而真相却是，他不仅仅是精于这种注射治疗法，而且还很清楚一定要给你注射 15 次，等他挣够了钱，你的病才能见效。

与其说这些注射法是将药注入身体中了，还不如说是注入了心里，相当于给心理催眠了。而它的效果到底怎么样，也不能绝对说没有效果，有时候也有一些效果，产生这种效果的原因就是心理催眠。那么催眠就可以算得上是一种心理的注射治疗法了。

庸医给病人提供的诊治法千奇百怪，什么方式都有。有一些方法是从祖宗那里传承下来的，譬如用磁力学或者天文学；有一些方法是古时候的医书所记载的奇谈怪论；另外还有一些方式简直就是在挑战现代医学，并诋毁现代医学。

庸医使用的最蛊惑人心的骗术就是效仿科学，譬如专门兜售假药，在广告里肆无忌惮地吹嘘说，那是一个还没有名气的最优秀的医师最新发明出来的药物，这种药物没有被医学界承认的原因在于同行业人的妒忌，而他是一个善良的人，宁愿把自己的发明奉献给备受疾病煎熬的患者，这类型的假药其实就是一种"心理注射法"。

此外，还有各种各样假冒的医疗器械，譬如，有关于电力的、磁石的、注射的、震荡的、化学的、两极的等器械，他们还伪造了各种各样的证明书和长篇累牍的广告宣传文章，还有从各个地方收集的感谢信、各类型资质证书和各种各样的奖章等。相反，假如缺乏各种各样的宣传，说明书也特别简单，那么看起来就有点可疑了，那么简单就被人了解了，也就不能被人称作专家了。

但是，在现今这个文明昌盛的社会中，普通人仍然很轻易被庸医和假药欺诈。庸医和假药正如寄生虫一样，只待人们生病的时候自投罗网，而他们却可以生机勃勃地繁衍下去。

家庭心理学

我特别喜欢看你的杂志，很久以前，我就希望你可以给我一些建议。我现在已经28岁了，在1919年的时候，也就是我19岁的时候，我结婚了，那时候，玩纸牌游戏和抽烟的女人特别少。我生了两个女儿，婚姻生活也很知足。可是近来我们从城市搬家到乡下了，我发现那些乡下人和我完全是两类人。我根本就无法适应这种新环境，我的丈夫却和他们相处得很好，并且可以按照他们的方式去做事，所以我就下定决心给你写信，向你求助。有时候，我感到自己很可能会离家出走，也许离开之后就会过得更高兴一点，因为我待在乡下，实在是太苦闷了。我也很高兴去邀请朋友们一起吃饭，或者听音乐、看戏和看电影等，然而，我就是不爱听爵士音乐和玩纸牌。对任何事情，我的记忆力都好得不得了，可是我记不住纸牌。我不想玩纸牌，因此我不可能和她们打成一片。我喜欢和自己的女儿讲一下医学方面的问题（我常常让乳娘来照顾她们——可是她们的祖父母却对她们特别严格）——直到今天，我仍然觉得无法与她们和谐相处。

——E. G.

在我收到很多信中都提起了这个问题，也就是心理学家能否帮助她们处理好家庭矛盾，这封信也提到了这个问题。教会和国家应该对家庭矛盾承担部分责任，他们让男人和女人结为夫妇，却无法幸福地生活在一起，所以他们又规定好了，夫妻在什么样的情况下可以离婚。

然而，一个人和另一个人产生了怎样的矛盾，这只是个人的极端化的问题，任何一种法律都无法给予圆满的解决方案。尽管有家庭纠纷法庭和教会可以调节和指导家庭矛盾问题，但是每个人的喜好、脾气、思想观念和生活习惯都不一样，不管是心理学、社会学和别的所谓的"学科"制定的律法，都很难帮他们处理好这个问题。

确实，现代心理学发现家庭矛盾不仅只是引发精神上的问题，而且也是人们在追求成功的道路上的一个绊脚石。一个人生活在不幸福的家庭环境中，自然无法过得很快乐，矛盾包括了各种各样无法协调的情况，逼迫、恐惧，甚至是反抗和背叛，其中还包括了各种各样的不协调和不和谐的地方，让两个人的关系变得越来越疏远，越来越冷漠。

如今并没有一种科学能制定让婚姻幸福的规定，也不能为情侣制定这样的规定，也不能规定他们就算死了也不会分开，没有这样一种规定，可以让两个人永远都和谐相处。心理学家最好别自以为是地认为自己有办法可以处理爱情上的矛盾，也不要以为自己可以唤醒已经死去的爱情，更不要以为自己可以避免家庭关系中的各种伤害。

虽然我们这么小心翼翼的原因非常明显，也很充分，但是这里面最大的原因，就是要详细地了解那些已经矛盾重重的问题家庭，然后才可能有一些合适的解决方案。假如不是这样，那些贸然提出意见的人就像是一个政治家，自以为自己在某次会议上发表了一篇引人入胜的演讲，接着就去问一个"朋友圈"里的朋友怎样看待他的演讲，他的朋友就会这样回答："的确，我的朋友，你演讲得很不错，可是那些比你更聪明的人会演说得更棒，但是假如有那样一个聪明人的话，大概他就不会去演讲了。"

绝大多数的家庭矛盾都像上文中提到的这个问题，不管最后的结果多么不幸，但发生矛盾的范围却很小。我们无法给他们夫妻二人一个指南针或者一张地图，能让他们平安地行走在茫茫大海中。多动脑子，并且互相包容，这已经是一句老话了，然而，直到现在还没有人能想到比这更好的话。我们不能寄希望于心理学可以解决所有的事情，从而也可以处理好家庭中的所有矛盾。寻常的见识、准确的判断力和智慧，还有恰当地处理好人与人之间的关系，这些都是维护和谐家庭关系必不可少的因素。在个人或者夫妇关系的各种矛盾中，古语有云："认识你自己"，现在也可以引申为"思考你自己"。

潜意识和习惯

我想起自己曾经在一本书上看到这样一句话（也许是 Stanley Hall 的作品），书上说我们能在冬季学习游泳，在夏季学习滑冰。我们的生活习惯都是在日常用不到的时候学会的。因此在冬季，我们不可能不记得怎样滑冰。然而，我无法确定这种原因到底在多大程度上是正确的。我在一个私立的幼儿园当校长，假如我长时间持续地训练小孩，直到他们都能培养一个好习惯，我不了解这样的训练法到底能不能获得最佳的效果。进行那么久的训练，能否让习惯植入人的潜意识中呢？这个问题的本质到底是什么呢？我们能不能让潜意识参与学习呢？

——一个创办幼儿园的人

这个问题的范围特别大。潜意识并没有那么神秘，我们并没有两颗心——一颗是有意识的心，一颗是潜意识的心——就像有一些心理学家所认为的那样。然而，我们的心理一部分是源于有意识，另一部分是源于潜意识，这两种意识之间不存在一条明确的界限，人的有一些行为是源于有意识，而另一些行为却是源于潜意识。

这个问题的本质就是如何运用这种关系来训练我们的生活习惯。准确地说，不管是学习什么，总是需要一番努力才能获得。我们当然不可能无中生有。任何人都不会产生这样的想法，希望有一天早上醒来发现自己突然就会拉小提琴和缝衣服，或者就会开汽车和打字。有一些人觉得，假如趁着学生昏昏沉沉的时候给他们灌输一些知识，那么他们就能把知识储存到潜意识中，这简直就是异想天开。

事实上，有时候是我们太用力了，反而做不到了。有时候你很用力去回想一个名字，可总是想不起来，当你不再费力去想的时候，却又能突然想起来。原因在于人的大脑是需要适当休息的，你花一个晚上的时间都想不起来的东西，睡了一觉后，次日清晨就可以突然地想起来。这一定是一位年老的人，他的经验丰富，心理组织也变得复杂起来。

而对那些儿童而言，所有的事情都特别简单，他们养成习惯的方法最好是通过学习的方法来获得。我们无法确切地证明，知识能够被灌输在潜意识中。然而，我们知道孩子在精力充沛的时候稍微用功一些，要比他们在疲惫不堪的时候持续不断地学习所产生的效果要好一些。

持续不断地努力会带来越来越低的效率，这已经成为一个定律。与此同时，儿童在记忆力的问题上也存在着一种忘得越来越少的规律。在学习最开始的那几分钟内和几个小时内所忘却的东西最多，从那以后，一整天或者一个星期都不会再有什么区别了。

上文中提到的关于滑冰和游泳的事情，那是因为你对于不使用就会忘记估计的有一些过头了。一年以后和一个月以后，你忘掉的东西没有太大的差别。然而，一年的时间远比一个月要长很多，所以你错误地认为自己收获了什么东西，就像储存在潜意识银行里所获得的利益那样。事实上，长时间不使用，所忘却的东西并不像你想象中的那样多。

另外，这也和教导儿童刻苦学习的技巧有关系。孩子的情绪特别敏感，遇到挫折很容易灰心丧气，茫然无措。你一定要激发他们的热情，让他们高兴地走出第一步。

我知道创办幼儿园的这位先生到底是什么意思，他说的是另外一种截然不同的有关个人习惯的问题，譬如让儿童学会服从，按时间安排去做自己应该做的事情等。然而想要让儿童形成这样的习惯，肯定会遭到他们的抵抗，而抵抗是培养习惯的最大障碍。假如他们不抵抗，而是很赞同，那么结果就一定会特别顺利。当好老师的艺术就要避免激起学生的反抗心理。

反抗心理是从别的生活习惯中蔓延开来的，一个人生来就有喜欢什么，讨厌什么，还有他们发自内心的欲望，因此不管做什么事情，有一个最简单、最自然和最令人满意的办法，那就是培养成一种可以顺利发展的好习惯，实现这个目的，就更需要一种特别让人适应的方式。那些教人拉小提琴的人，一开始肯定要教人怎样摆放小提琴还有拉提琴的姿势。还有一些老师却只需要学生姿势摆得差不多就行了，等拉小提琴的水平提高一些的时候再慢慢地纠正姿势。大多数的学生用的是都是慢慢纠正的办法，这样做好像更有效。学习是持续不断地从头开始学习，养成一个好习惯也是同样的道理。

社交恐惧症

我是一个女性速记员，今年 19 岁了，我长得很漂亮，人又聪明，工作表现得很优秀。只要是接近过我的人都会喜欢上我。但我有一件自己无法理解的事情，一件特别烦心的事情，假如没有人帮我，后果不堪设想。下面我就说一下我的具体情况。

在任何时候，碰到了一个我特别熟悉但又很久没有见过面的人，就好像发了什么神经似的，仿佛心里横着一根刺，让我不知道应该和他们说什么才好，往往都会因此而说一些很不合时宜的话，与此同时我还特别慌张，手足无措。然而，在我和他们交流几分钟以后，就可以全部恢复正常，甚至于我还能和他们说笑话，可是在最初那几分钟的时间里却特别尴尬。而这样的尴尬还会引起行为举止的变化，引起脸部肌肉颤抖（特别是我笑起来的时候），同时心里特别失落。然而，这种情况并不是对任何人都会产生。有时候，有人向我介绍一个完全陌生的人，或者我自己去会见一个陌生人，我反倒特别舒适，可是在其他时候，这样的尴尬就会体现出来。我感觉自己对某一种人特别容易产生这样的反应，例如，我对自己的领导，就是经常感到害怕，没有自信，如果他提起一些意料之外的事情，或者是和工作有关的事情，我就会经常觉得很沉重，脸部肌肉会颤抖。就是因为这一点，我不喜欢去见朋友，并且经常害怕这样的尴尬会在脸部肌肉上表现出来，让别人感到莫名其妙，我也因此变得特别胆怯。

在最近两年里，这一点让我特别痛苦。我经常和自己做心理斗争，告诫自己一定要想办法控制自己，如果我再继续下去，那就真的不知道自己应该怎么办了。然而，这种告诫没有产生任何效果，我完全无法控制住自己的尴尬心理，我真的拿它毫无办法。我曾经去医院里做过检查，可是他们都认为我没有得病，只是有一点神经过敏罢了。然而，不管神经组织到底怎么样，我总能找到一种拯救的办法。我不清楚这到底是为什么，总是觉得自己活得云里雾里，心里产生了这样的问题，我真的快乐不起来。我猜想，你也许会认为这是一种遗传性质的自卑情结，可是我不明白，为何我家里所有人中只有我是这样的。但是，不管我得了什么病，我都知道它总能让我在精神上感到痛苦，我还能做些什么来解决这种精神上的痛苦呢？这种精神上的痛苦到底有什么存在的意义吗？我还有救吗？或者我要永远生活在这种痛苦之中吗？我真的很烦恼，如果你有办法救救我，我真不知道该怎样感谢你才好。

——一个心烦意乱的人

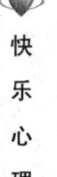

这封信代表了很多有过类似病症却不能说出来或者没有勇气说出来的人。有很多人都产生过这样的烦恼，而这个写信的人只是其中一个类型——患有社交恐惧症的人——这种人在社交场合和非社交场合都会碰到很多。

在前面几个章节中的好几个地方，我都提起过，所有神经衰弱的人都可以分为神经衰弱症和歇斯底里这两大类别。前者带有害怕的因素，后者则带有愤怒的因素。也就是说，害怕是产生前者的最关键因素，而愤怒是产生后者的最关键因素。直到后来，这两种因素被人们混淆在一起，导致了在某些病症中同时存在两种症状。从其他的关系来说，他们还可以归类为退缩型的人和冒进型的人。心烦意乱的人就是属于退缩型的人。

社交恐惧症就是退缩型的人所产生的自然反应，年轻人第一次与他人进行交流的时候会产生这种显著的病状。退缩型的人也和正常人一样，都渴望给人留下好印象，然而，他们因为被一种恐惧心理所控制，以至于无法给人留下好印象。所以，每当遇到无法避免地要与他人交流的时候，在最初的那几分钟的时间里，就会觉得很尴尬，手足无措。有一些人的痛苦会在脸部肌肉上体现出来，譬如咽喉部位会发生颤抖，脸部肌肉开始抽搐，心情一落千丈，脸红，样子看起来很怪异，笑容也很虚假，出冷汗等。这种尴尬的情绪会引发肌肉、血液和内分泌等方面的变化。

所有的这些症状因为无关紧要，都可以藏在心里不说出来。我们所有人都是有缺陷的，但神经衰弱就会把这种缺陷体现出来。当我们面对一个地位高于自己的人的时候，或者站在一个很重要的人身边，我们就特别容易变得惊慌失措。据说，有一个年轻人在其他很多事情上都特别英勇，可是却在见到英国的皇太子的时候被吓晕了。退缩型的人往往都有很多心事，以至于他那种情绪的不稳定慢慢地形成了一种自卑的情结。"心慌意乱的人"总是把自己的病症夸大，实际上，她只是患有一种很常见的社交恐惧症，她过分地夸大自己的精神痛苦，以至于酿成了悲剧。

世界上有很多人和她一样产生了同样的病症，还有很多人甚至都比她的情况更严重。她只不过是害怕去看望朋友，我知道，有一个人只要房间里有三四个陌生人，她就害怕走进去。去戏院看戏也会害怕，她只有在星期三的白天才敢去看，在靠近太平门的一个不太拥挤的小角落里坐着。还有一个人只能在独处的时候才能正常工作。

患有社交恐惧症的人是很难改正的，但是却很容易受到鼓励。不过，你还是要对他们说，患有这种症状只有自己才能拯救自己。他们并不是真正胆小怕事的人，他们往往可以处理好特别严重的事情。我知道有一个患有这种严重心理问题的年轻人，在第一次世界大战中特别能打仗，可是当他解甲归田后当了一个老师，却因为害怕看到学生，就辞职了。打仗并不是一种社会生活，因此对他而言会比当老师更简单。

"心慌意乱的人"属于社交恐惧症患者中情况比较好的一种，因为她还可以用写信的方式说出来。她没有夸大自己的病情，也没有什么过分的描述，尽管"痛苦"和"地狱"之类的形容词带有强烈的感情色彩。但她所说的这些病症都是千真万确的，她的痛苦也是真实存在的。她一方面特别希望做一个胆子很大的人，可是另一个方面，她的心理障碍却让她无法做到这一点，最后导致了两者的矛盾。她觉得自己不能像普通人那样生活，但是她知道，如果她可以解决社交恐惧症所带来烦恼，那么她就可以像普通人那样生活。

固然，这些病症都可以消除，只是短时间内无法见效罢了，最起码要在经过几次努力以后，才能真正铲除病根。她应该可以越来越泰然自若地面对周围的环境，心态舒适，接着，她这种恐惧心理在正常情况下就极少发生了。然而，所有这一切设想都需要自己去努力争取，并且往往这种努力过程会遇到极大的困难，对于那些普通人可以轻而易举就能做到的事情，患有社交恐惧症的人却需要极大的勇气才能做好。

难以克制的神经

　　我想问一个问题：怎样才能摆脱情结？一种情结持续长达 10 年，这是否正常呢？尽管我很清楚第一次世界大战已经结束了，可是，每当听到汽车爆胎，或者看到手电筒射出来的光线，或者氧化物、石灰和碘酒散发出的气味被我闻到的时候，我仍然会觉得特别难受。

　　在第一次世界大战之前，我觉得所谓的神经只是牙医不敢伤害的东西，所以就一点也不关心神经的问题。然而，在第一次世界大战以后，我就开始特别关心你所研究的各种各样的神经错乱。我无法控制突然回想起来的一些事情，感觉自己真的很懦弱。我以前在加拿大的军队中待了 3 年，还在尼泊尔、索谟、维米和阿拉斯加等地方参加了多次激烈的战争，但是，那时候我可以克服自己的恐惧心理，不那么害怕，英勇向前进发。然而，经历过那种大规模的令人恐惧的战争之后，如今对于那些突然产生的声音，我都觉得很害怕。

　　我的这种恐惧症已经有 10 年时间了，直到今天，我还在想办法去控制自己的记忆，不要再想起那些在战争中发生的事情。

——一个法国人

写这封信的人本来以为自己不可能受到精神上的困扰，可是如今，他却要坦诚地说出自己的神经问题。他的神经很强大，也许能够用来处理一般的意外事件，可是战争始终是战争，是一个地狱，战争给人的精神造成的伤害，和它给人的身体造成的伤害同样很严重。从心理角度来看，战争就是一系列的意外事件。大炮的轰炸声，受伤的痛苦，还有危险降临时的惊慌失措，这些都无法避免，从而使人的承受力崩溃。那些在战争中受惊的人，不只是那些被大炮轰炸过的人。

　　那些被大炮所惊的人，他们的神经崩溃得最厉害，这是因为他们总是会想起战场发生的事情，不断地受到刺激，以至于他们都无法相信战争是不是真的已经停止了，要让他们的神经恢复正常特别困难。然而，绝大部分法国人都可以恢复正常，战争结束后，他们可以迅速地恢复如初。他们终于扬眉吐气了，所以身体也恢复了。然而，他们内心深处仍然非常敏感。

　　那些在脑海中留存时间太长的记忆特别难以忘怀，这种现象特别有趣。战争开始的时候，让耳朵受惊的是大炮的轰炸声，而且耳朵生来就是对震撼最为敏感的器官，因此，每当突然爆发巨响，经由耳朵和经验的引导，会让心理持续受到惊吓。所有人的生理结构都是这样的，只是当兵的人听到的大炮的轰炸声更厉害罢了。他的神经可以因为一道闪光和一种气味就受到惊吓，只是他现在表现出来的反应大部分都不是直接的，不是因为神经组织天生就是这样，而是源于经验。闪光也会容易使人受到惊吓，因为它能让人想到雷电，雷电会对人的神经产生强烈的震撼力。

　　正如这个写信的法国人，他本来是一个精神健康而又英勇的人，但是，他仍然无法忘却战争中遭受的惊吓，还觉得这是自己的缺陷，产生这样的想法也是情理之中的事情。但实际上，这并非他的缺陷，而只是表明他的神经组织特别敏感。他的神经组织特别健全，一丁点的惊吓都会给他带来很大的冲击力，导致他的神经无法在瞬间越过自己清醒的大脑，他就因此觉得自己很消极。他之所以产生这样的感受，正是因为他的神经组织太完善了。

但这种情结什么时候才能根除，在战争发生以前，我们在这方面也没有经验可以学习。受到的惊吓越多，症状就持续得更久。上文中提到的那位法国人，我按照他在信中所说的情况，暂时判断他在其他方面没有受到伤害。在战争结束后，他的身体就恢复正常了，只是无法摆脱在战争中留下的心理阴影。他在战场上运用的也是自己的神经组织，回到家以后还是自己原来的那种神经组织，他不但活在过去的记忆中（他脑海中保存的这种记忆还会传给自己的后代），而且他还将持续地运用那种脆弱的神经系统去生活，只要在一种特别耀眼的闪光出现的一刹那，或者听到汽车爆胎，他就会想起在战场上受惊的情形。

"这样的影响假如再继续 10 年，我还能不能做一个正常人呢？"答案是肯定的，但是要排除神经系统中的某个部分，也就是他在战场上产生的印象最深刻的那一部分。那部分就是他神经组织中的一个伤疤，稍微受点刺激就会暴露无遗。

在大战一触即发的时候，他的精神的确是高度集中了，惊恐过度了，无法得到放松。在打仗的时候又持续地受惊。在战争停止以后，休息的时候就把受到的惊吓表现出来了。就如一个头很疼的人坐起来就会更痛苦。只有在我们躺在床上休息的时候，才会了解我们的身体到底有多么疲惫。反抗的时间越长，神经就会越麻木，而一旦放松下来，崩溃得也更严重。

189

那种确实遭受过神经崩溃和神经衰弱的人受到的痛苦是不会停止的。这种情结往往会破坏他们的生活，打乱生活的安宁。而那些神经完善却敏感的人会因为过去那种可怕的经历而感觉不踏实，可同时又会感到很兴奋。他们仿佛是要对那些精神刚刚恢复正常的人说："大战终于停止了！"

心理问题

很久以前，我曾经去做了一次全身体检，可医师说我没有患上任何疾病，身体没有任何缺陷，只是神经系统有点敏感罢了。有时候我会因为紧张而痛苦，整个大脑神志不清，反应迟钝，这让我无法全神贯注地投入到工作和日常生活中。我想要治好这些病症，所以就去骨科医师那里看病，尽管现在已经治好了紧张感，可是后脑又开始疼了。

现在我希望你能帮我推荐一个头盖骨医师，帮我问一下，我现在正在进行的治疗法到底管不管用，反正我自己特别不满意现在的这种治疗法，总是治好了这种病，却又引发了另一种病。

——O. W. S.

你不会相信，胃部的那种神经过敏是出于想象吗？我做了一次特别细致的全身体检，证明身体没有任何疾病，可是我的胃部却持续地战栗不安，痛苦极了，这让我的精神也变得很脆弱。每当我孤独一人的时候，就会产生一种莫名其妙的恐惧感，然而，假如身边有人陪着，就不会这样，所以我相信，这种莫名其妙的恐惧感肯定是因为胃部神经过敏产生的。

——W. N.

我是一个年轻的女人，今年才 27 岁，我的童年过得很悲惨，我的父母在生活的压力下，几乎没有时间好好照顾我，就他们的性格而言，他们本来就不适合照顾孩子。

我初中毕业的时候，成绩特别优秀，不但获得了褒奖，还得到了一些奖学金，后来我上了两年时间的大学。我觉得，最近这些年，我患上了一种自卑情结的心理疾病，我经常觉得很郁闷，又无法去交往一个知心知意的好朋友。

最近我经常很容易就感冒，再加上几年以前，我从电车上摔下来过（我觉得这两个因素就是我生病的原因），导致我现在的神经过敏，精神也变得很不舒服。对这种疾病我已经忍了 9 年，咨询过很多医师。我身上现在注入了某种细菌，是为了要清除肠胃中的毒素。

另外，我还患有歇斯底里症，尽管精神病专家已经给我做过检查了，然而并没有什么效果。我的眼睛也出了问题，我的眼睛高度近视，还有散光。我觉得，也许这些问题也是我患病的起因。有人建议我做眼科手术，还有人建议我千万不要动手术，因此我不知道到底应该听谁的话。我觉得家庭环境是导致我患病的最大因素，因为我的父亲特别怪异而又孤僻。

——B. A.

神经过敏究竟是不是出于想象呢？我只能这么回答，如果你已经患上了心理疾病，那么你的心理疾病首先就会攻击你身上最脆弱的部分。也许是因为你本来就有消化不良的问题，造成了胃部神经过敏的反应。如果你有头痛的倾向，那么你就真的会感到很紧张。如果一个骨科医师治好了你的这种病（也许只是因为你觉得他治好了），身上又有别处开始疼了，因此你又要去咨询头盖骨医师，你总觉得"经常是这种病治好以后，别的病痛又产生了"。

你采用的所有办法其实都很愚蠢，因为这样做会将所有疾病都归根于精神上的问题。如果很多人都这样错误地看待自己的疾病，那么就有很多医师会利用患者的这种缺点来赚钱。

第三封信提到的精神病症，和前面那两封信有所不同。我们都很清楚，很多精神矛盾，像家庭矛盾、自卑情结、受惊和失落等，都和身体问题有关联。与此同时，所有身体上的疾病都会加重病情。然而，疾病并不是真的来源于此，而是源于一种精神上的感觉，感觉自己即将生病。用理性的思维去对待自己的病症，这就是让自己精神安宁的最佳办法。

以前这种病症被人称之为抑郁症，这个名字让人害怕，但法国人把这种病症叫作想象病，事实上这是错误的，对于健康的人而言，这种病只是一种错误观念罢了，精神的健康就是要引导人们正确地看待健康问题。上文中的信提到了"胃部颤抖的感觉""神经混乱，反应迟钝""自卑情结""怪异而孤僻的父亲"等，这些都一定要从脑海里清除掉。

尽管无法根除这些病症，然而总应该清除到一定的程度，用正确的健康观念去填充自己的大脑。好的药物也能起到一定的作用，但是假如经常去求医问药，那就会有害无益。一个聪慧的医师（无论他怎么称呼自己），肯定会用各种各样的办法指引患者正确地看待自己的疾病，首先就要清除患者的心理疾病。

第六章
感受神秘的美

快 乐 心 理 学

美丽的人也聪明吗

弗尔博士，我不喜欢你；

我为什么不喜欢你，我不知道该怎么说；

但是，弗尔博士，我只知道我不喜欢你。

我们为什么会喜欢一些人，而不喜欢另一些人，这个问题很值得研究，因为这个问题和人生有很大的关联。你到底是喜欢那些人身上什么地方，以至于你会和他们变成知己？

首先当然是外表。外表是生来就是这样的——包括身材、肤色、相貌和五官等。其次是表情，这可以分为几个类型。第一类就是你的穿着装扮，譬如，牙齿、指甲、头发和皮肤还有身体的健康，这就是美容院收入的来源。第二类特别重要的表情就是你的态度，譬如，举止、行动、热情、灵敏、微笑、大笑、蹙眉、烦恼还有兴趣爱好和礼节等。这些表现都和你的为人处世有关，其中还包括了你声音的粗细高低问题，有一些人在没有开口说话之前就很讨人喜爱，而有些人在神采奕奕的时候更讨人喜爱。第三类就是你的神情，是打扮的问题——你是否整洁，你喜欢什么颜色，是喜欢鲜艳的颜色，还是偏爱暗淡的颜色，你想怎样打扮自己，你希望别人怎么看待你的打扮？一个人打扮起来是特别耗费时间的。第四类就是你的聪明才智，这一点很难伪装。你的行为举止就可以体现出你的聪明才智，这比礼节要深刻一些，因为从这一点可以判断你所受的教育程度，你的趣味高低程度，还有你到底是属于感性，还是属于理性的人。

而对于上文提到的各种讨人欢喜的特征是怎么凑在一起的，还有它们对交朋结友到底有什么帮助，每个人的看法都不一样。长相漂亮的人究竟是聪慧的呢？还是愚蠢的呢？美丽在何种程度是源于外表，在何种程度上是源于表情呢？所有的这一切都在人类彼此交往的过程中产生了极大的关联——这种关联特别重大，导致有些学者建议应该减少学生的课程，让他们专门去想办法吸引别人的注意力。对于这个特别复杂而又没有人去研究的问题，曾经有人做过一个简单的实验，就是让一群人说出自己最喜欢的 10 个男性朋友和女性朋友，接着把这些朋友们身上最吸引人的特点按顺序列出来。当然这种事情特别复杂，所以结果不是特别精确。

但是，从大体上来看，人的所有表情中最让人印象深刻和喜欢的是以下几点：态度亲切；性格热情、坦诚；言行举止落落大方；个性坚强；行为表现前后一致。外表的美丽是其中一个特点。如果仅仅是五官精致和身材优美，这是很难惹人喜爱的，特别是仅靠穿着打扮而没有别的丝毫亮点，这是最不受人欢迎的。处于这两个极端的不同程度的美丽都是接近理性的特点，譬如，智力、聪慧、精力、温柔和声音动听等。

让人对这种实验无法确定和容易混淆的一点，就是异性之间的吸引力。女性给男人带来的吸引力特别大，可她们给同一性别的女人带来的吸引力也特别大。除了女性以外，男性却找不到别的同一性别的男人真正地吸引自己。可是很多能让男人喜欢的女人，也可以让其他女孩喜欢自己。那些漂亮动人的女孩子，或许也很清楚自己应该很看重穿着打扮和行为举止，这样就能让自己更加美丽动人。也许只是发挥了自己本来就有的长处，比如身强体壮的人去做运动员。就像《圣经》中说："凡是你拥有的，都要送给他。"

按照上文中的说法，也许有些人在观察自己的特征的时候，不是更开心，就是更失落。在社交的测试表上，智力并没有占据特别重要的位置。聪明如果没有适当的外貌修饰，那么就像是一个仆人。然而，如果只有美丽和打扮，也不会产生很大的效果，这其中最关键的一点就是表情，尤其是那种可以体现人的内心美丽和特征的个性化的表情。

美丽的代价

不计其数的女人和男人，还有不计其数的金钱，都为了个人的美丽而费尽了心机。这样的喜好在全世界都一样。所有关心人类的人都会去研究这种普遍存在的兴趣爱好。但美丽心理学不仅仅是指外表。

假如世界上只有美丽的风景和图画可以欣赏，再也没有其他让人喜欢的东西，那么这个世界就太乏味了。无论是否因为爱情，从古至今，无数个诗人赞扬女性的美丽，从来没有停止过。而现在这个话题转移到科学家那里了，霍普金斯大学一位名叫杜兰普的教授曾经说过，崇拜美丽促使了人类的进化，这是因为人类天生就崇拜最美丽的女人和最强壮的男人，这就鼓舞了那些做父母的人，让他们知道怎样让自己的孩子全方面发展。

我们习惯地认为，美丽是专属于女性的，从性别角度来看，她的光芒完全是从男性的光芒中反射而来。然而，在人类张扬美丽的时候，碰巧和这一点相反，美丽是随着人类理想的变化而变化的。

尽管要创造一种完整的美丽特别困难，然而，要破坏这种美丽，却更加困难。破坏并不需要很严重的残疾，只需要有一丁点缺点，就可以让人的全部身心失去协调。人类出于妒忌，所以把美丽的标准规定得极其严格，因此只有极少数是真正的美女。美丽是由高矮、身材、外貌、声音、闲适的心态、礼节、表情和面部动作以及别的各种因素等凑在一块形成的。

人身上有一些部位比别的部位更加重要一点，特别是一眼就能看到的那些关于动作和表情的部位，像嘴唇、口和眼睛。人类对这三个部位的美丽标准的看法都是不一样的。每个民族都有自己的审美标准，而且不同的性别也有不同的审美标准。假如男人身上有任何一个部位的特点是属于女性的，那么就不符合男性的审美标准了。如果女性脸上有一根黑色的毛发，那就会成为她的一个缺陷。

人的身体最强壮最有活力的时候，就是人最美丽的时期。人的每个阶段都有自身独特的美丽。孩童时代和少年时代是有不同的审美标准的。老年时代的美丽就是回想年轻的时候最美丽的那个时期，并且，除了那些很少的幸福的人以外，老人额头上的皱纹往往显得很忧伤。例如，"像你的女儿那样年轻貌美"，这句话很动听，可也只是好听一点罢了，而现实生活中是很难做到青春永驻的。

大家都认为，美丽的各种因素是生气和健康的体现。例如，头发就是一种特别重要的东西，它可以体现人的生气和独特的人格。好像艺术家都拥有一头秀美的头发，秃头秃脑只是那些自大的人用来勉强安慰自己的说辞。但我们还不知道，普通人眼中的上流社会的人是不是也很看重秀美的头发，甚至超过了对聪明大脑的重视。

身材臃肿的人是很不美观的。一个人不管多么漂亮，假如已经超过四十岁，而且身材臃肿，那就不应该再和人去比美了。只有那些身材苗条的人才会被选入时髦的画报中，所以让身强体壮的人变得苗条这种艺术特别受人喜爱。然而我们只要看看过去那些流行的东西，就感到利用这样的名义来做坏事的人，实在是太多太多了。

对于美丽的崇拜，让世界各地的人们都变得疯狂起来，从百老汇的各位佳丽，再到各大城市每年选出来的美利坚小姐。女人很多的地方，美容院也很多。投入在美容院上的资金，几乎有投入在农业中的资金那么多。

然而，美丽的心理最关键的一点，就是因为美丽而引发的责任问题。因为男人没有必要把时光耗费在没有希望的美丽上，因此只能把更多的力量投入到事业中去。一个很出名的美女一定要想方设法去保全自己的声誉。一个专门研究美的专家让人无法确定的是，她到底是让美丽的艺术变得更好了，还是让它变得更坏了。

从我们还小的时候，美丽仿佛是一种特别美好的事物。假如只需要外表就可以让别人喜欢自己，我们为什么要去学习那些文雅的举止以及别的心灵美呢？漂亮的孩子更容易任性，轻而易举地得到了别人的喜爱，这会影响他的智力。

既然我们都了解了以上的各种情况，那么我们对人的很多其他的优点就要更加看重。并且，我们往往会质疑，漂亮的外表之下是不是也拥有伟大的心灵和智力。就这个问题而言，我们可以判断，真正的美丽不但包括上文中提到的品德，还包括一种惹人喜爱的态度，仅仅是长得漂亮，并不是真正的美丽，因为她不具备那种独特的活力，而这一点正是高尚的人最看重的。所以真正的美丽就是内心的美丽。

那些生来就丑陋的人大部分都会去发挥其他的品德。有一些人会因此而成功，来补偿外表的丑陋。因此，美的心理学是可以延伸到人的内心深处的。

穿着个性

人们在衣服上花了很多时间和金钱，可是却很少去研究穿衣服的心理，这的确很奇怪。

男人所穿的衣服能不能体现出他们的心理状态，这一点我们搞不清楚，然而，女人所穿的衣服的确可以体现出她们的心理状态。女人对衣服的感受，远比男人要敏感。在美国有两首流传甚广的诗歌，就是《麦福里门雪的故事》和《无衣可穿》。纽约的一个刊物《女性时装》每天都会出版。各大报刊上有关时装的文章要比关于政治的文章多很多，只有体育新闻才能与其媲美。有关女性的刊物也远比男性的刊物要畅销很多，而那些刊物中最大的特征就是对女性时装的研究。尽管如此，我们还是能经常听到这种"无衣可穿"的叹息声。在"女性投票权"的呼吁最大的时候，曾经有人建议做一个与之对抗的标语，即"男性的挂衣钩"。

有关衣服心理学的流行问题，要比别的很多问题都要重要得多。与女性交流的时候，或者在谈到女性的时候，假如把她们和衣服分开来谈，那种感觉就像在谈一个离婚的女人一样。就衣服本身而言，它是一种多余的东西，男性就是这样认为的。不管什么形式的衣服，也不管什么形状的衣服，他们都不想穿。但女性出于一种爱慕虚荣的心理，能克制这种天生的反抗心理，宁愿受到衣服的约束。近代以来，女性穿的衣服越来越少，也许是专门为了体现自己身材的曲线，或者是为了行动起来更加方便，所以就穿更短更轻的衣服。如果你乐意，可以去研究这个问题，相信一定会特别有意思。大家都在呼吁时装要有很多花样，但是事实上，我们真正穿的衣服却变得越来越少了。由此可以看出，和男性有同样喜恶的女人真的不少。

衣服心理学最关键的一点，就是要让身体觉得舒适、柔软、光亮和轻松。宽大的睡衣和合身的旧衣服，都是因为衣服的质量和舒适的感觉让人喜欢。那种宽大轻巧的衣服现在还很流行。然而，时髦的衣服仍然占据了最重要的位置。现在男性的领带和礼帽都流行硬一点，这当然没有 40 年前女性的腰带和长裙子那么难受。女性服装的改革也可以算是解放女性的一个部分。

人们穿衣服最大的心理动机就是要显得时髦。然后才是炫耀，这是因为身上穿的衣服能够体现一个人在银行里有多少钱，或者在自己开的店里有多少存款。另外，穿衣服还可以表现一个人的喜好、兴致、精巧和个性等。你穿的衣服重要的是可以表达自己的个性，展现出你自己，以及你所认为的美的观念，但同时还会受到流行观念的束缚。时髦的衣服大多数都只适合那些身材苗条的人。天生的身材是无法忽视的，甚至于你穿的衣服还会和你的性格相匹配。看你的穿着打扮，就可以突出你的个性，或者使你的个性被淹没。此外，你生来就有的那些缺陷都可以通过服装来掩饰，这也可以体现你的思想观念。

穿上绫罗绸缎、光芒四射的、精工细雕的、丰满的、带毛的衣服，再加上你身上最宝贵的个人气质，那么你就不会显得是一个假模假式的模特，而是一个积极上进的人，一个具有奉献精神的人——这一切都会加大你的个人魅力。这看起来好像是表面工夫，而实际上却是深入人心，是社会上人们竞相争夺的东西。

在不同时期和不同气候下，你会有各个方面的不同装扮。既有正式的装扮，也有非正式的装扮，既有庄重的穿着，又有特别时髦的穿着。当你穿衣服的时候，你要考虑很多。当你需要考虑的地方特别多的时候，那么你的衣服也就会越来越多，同时你还会觉得自己的衣服总是不够用。

以遮羞为目的的服装标准，早就已经过时了。在汽车还没有取代骑马之前，跨着骑马就早已经取代了横着骑马的方式了。因为骑马而发明的短裤，到今天已经在所有的野外活动中流行开来了。面纱摘下来了，而短发变得时髦了。服装可以体现你所属的社会阶层的观念。

谈到怎样用衣服来保护自身的安全，这一点可以在最后再讨论，因为一般情况下，大家都觉得这一点不是很重要。在冬季，人们也可以不戴围巾，而夏季，人们也可以戴上皮领。手戴上手套是为了更漂亮，而且现在人们穿鞋子也为了漂亮，而不是为了脚的舒适。稍微好一点的就是雨衣和绒线衫，然而，就算是在古时候，人们穿衣服也大部分是为了变得更漂亮，而不是出于安全问题。

红唇心理学

假如现代出现了一个像温克尔那样的人，做了 5 年的梦，醒来以后返回到纽约的百老汇，肯定会觉得很诧异，认为现在的女人都流行一种疾病——年轻女人和年长的女人都患上了——这是一种名叫红唇的疾病。这种红唇在过去只是那些戏院里的戏子化妆所用，可是如今却趾高气扬地出现在光天化日之下——这将让整个世界都变成戏台。这究竟是为了什么呢？

时髦的东西不一定是有道理的，所以风行一时的东西，我们可以轻而易举地捏造一些理由。然而，就算是在这个特别时髦的世界上，各种时髦现象并不是都从巴黎剧院里创造出来的，而是从人类普遍的天性心理所产生的，这种心理就是随时都在准备着去改变自然本来的样子。红唇代表的就是热血沸腾，生机勃勃，代表的是年轻人的黄金时代还有其他很多诸如此类的东西。我们的嘴唇天生就是红色的，而艺术只是让它更红一点罢了。

坦白说，这种事情并不是今天才发生，在古时候，人们就看重红唇了，印第安人在参战的时候，就会把身上涂得五颜六色，让敌人一看就怕了。喜欢打扮的女人也希望身上有更多的色彩，以便她顺利地达到目的，让那些渴望美丽女人的男人更思念自己。这是因为，无论是从先天的角度，还是从后天的角度来看，人们都觉得，色差越大就越漂亮，所以皮肤越白，就越能表现嘴唇的红润（或者表现脸上的黑色斑点），而嘴唇越红，也就越能体现出脸上打了粉底的白皮肤。

在婴儿时代就存在红唇心理学了。刚刚出生几个月的婴儿，就让红唇心理学来控制一切了。因为，嘴巴不仅是食物的入口，也是传达感情的出口，微笑、愤怒、噘嘴和肚子疼，都需要用嘴巴来体现。这样的动作尽管没有刻意地假装，却也和好莱坞的明星一样表情很丰富。声音也是来自于嘴唇——像咯咯声，自言自语，哈哈大笑，还有失声痛哭等。

然而，嘴巴成为表达情感的一种重要的工具，主要是因为它是一种触觉器官。触觉是一种最为亲切的感觉，所以我们用握手来表达友爱。爱抚是人类天生的需要，我们每次与他人肌肤相亲的时候，我们的心情就会更加兴奋。

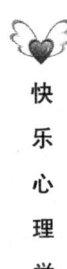

亲吻是在婴儿时代就开始的一种行为，后来慢慢地用到其他行为中，最后演变成了一种风俗习惯。然而，这种肌肤相亲当时是用来表达爱的——一般情况下，大多数是指浪漫的男女之爱。但是，在法国士兵接受勋章的时候，长官就会在领奖的士兵的两颊上各吻一次，以示庄严。

在我们说话的时候，我们的嘴唇就会动起来，这样就会引起他人的注意。原因在于这种移动特别精确，所以那些耳聋的人可以凭借我们嘴唇的移动，而明白我们说的话。说话就是表达自己的观点。有一些女人原本长得很漂亮，可是当她们一开口就会丑态毕现。有一些女人是需要等她们开口的时候，才变得漂亮起来。

因为想要装扮嘴唇的这个特别的心理状态，就产生了口红、粉扑和镜盒等，无论是出于自然本性还是受到流行因素的影响，这都已经成为女性不可缺少的生活用品。也许这是解放女性的呼吁声中一种最常见的时尚（诚然也是一种永恒的时尚），这是一种女人追求自由和坦诚的体现，就像流行的短头发和短裙子，还有相貌和说话的自由等一样，这可以让女性渐渐摆脱封闭心理，而让她们变得更开放。

这种潮流是毋庸讳言的。绝对不会有任何人觉得，红唇应该是天生的——那些打扮时尚的女性将自己原来的样子早就抛弃了。她们刚开始以为这样可以减缓衰老，让中年女人和年轻女人之间的竞争更加公平一点。有些风流成性的女性对于这样的解释要比那些年龄更大的女人更认可。所以，普通女人回到学生时代的红唇的愿望会与日俱增，而美容院恐怕要比高尔夫球场更有人气。

也许现代发明的电灯，也会促进这种潮流。以前只有戏台上的脚下有灯光，现在连人的头上都有了灯光，还有百老汇和到处都有的灯火辉煌。电灯照在人的脸上，让人看起来更加丑陋了，因此只能想到用艺术的办法来解决这个问题。但是，最大的原因还是因为潮流。一小部分人的引领下，大多数人就毫不思索地去追随潮流，只要这种潮流可以让她们心满意足。现代人特别看重美的思想，而美容的技术也变得越来越发达了。但是，这种人造的艺术所采用的途径和方式，与其说它是用来体现人的面子，不如说它是用来表达人的心理更加准确。既然时髦就是每天都不一样，那么还有谁能保证，红唇会永远都流行呢？

神奇的颜装

也许你不知道颜装是什么东西。百科全书对于"颜装"的解释是："一小块黑绸或者膏粉，在 17 世纪和 18 世纪初，女人用来涂在脸上，男人也偶尔会用到，人们之所以用它涂在脸上来作装饰品，一方面是因为它可以掩盖皮肤的粗大毛孔，另一方面还可以表现出一种独特的美感，类似于酒窝那样的东西。"然而，这样的装扮激起了文学界的批判、教会的斥责和国会毫无必要的动作。

创造这种颜装的人（也许是一个女人，不然就是意外发现的），可以说，创造了一种明智的心理学。用颜装涂在脸上不仅掩盖了脸部的缺陷，更加突显了其他地方的美感，真是可爱极了。假如脸上有一些斑点或者伤疤，用粉膏就可以加以修饰，它的作用因此也就显而易见了。这样一来，还可以同时吸引别人看到她的下颌和脸部的美丽。较暗的部位可以突显出抹过粉的白色的面部，这样的修饰在佩戴白假发的时候最适合不过了。

就美容技巧而言，这种原则直到今天也是适用的。例如，口红可以

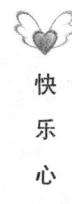

快乐心理学

让嘴唇更加性感，另外还可以用来补偿一般被人忽视的地方，但是嘴唇原本就是用来引人注目的。最起码我们可以这样说，这种技巧特别狡猾。假如这种方式可以用到其他的事情上，也许就能创造一种全新的外交技能。

从本质上来看，这种方式的确太过夸大，而且还很消极，因为你把之前丑陋的地方伪装得很美丽。这样的夸大，也许是因为很有钱，也许是因为很有地位，也许只是出于一种自以为是的豪气。这种夸张要是不能配合其他的东西，在被人看穿以后，就会特别尴尬。《第十二夜》这本书中的管家马尔佛利就是这种人，他幻想自己升官了。世界上像马尔佛利那样的人真是数不胜数。就智慧而言，那些戴上帽子、摇着响铃、穿上彩衣的小丑满嘴都是有关智慧的言论，也可以说，他们也快成了颜装主义者了。

如果我们再稍微变通一下技巧，在寻常的事情上，我们也能看穿这样的欺诈方式。近来我去一家公司，有一个人自称刚从很远的地方旅行回来，很多人向他问起关于路上的事情，当时我也在那里，可是这个人几乎说不出什么见闻，他对别人的很多问题，总是这样回答："真的，我也不知道。"他并非是伪装的谦虚——他是真的不知道，但是，这也像是颜装一样会带来好处，体现他对那些极少有人去过的国家的所有事情，的确是知之甚少。有一个写过很多好书的小说家（虽然不确定是否很畅销），经常特别开心地对人说，他的第一本小说是一个彻底的败笔。他往往把第一部小说拿出来作为一种颜装。

如果我们把这个理论引申开来，就像弗洛伊德那个派系的教徒。他们觉得，人类很多行为，包括成就和别的欺诈行为等，目的都是为了引人注目和受人歌颂，让自己的自尊心和虚荣心获得更大的满足。甚至于小孩子受到这种精神的影响之后，就会采用婴儿的口气和依赖性，想要再次争取在婴儿时代获得的所有爱护。其他人通过诉苦来获取他人的同情，或者炫耀自己的坚韧，以博得他人的赞美，而老人就处于这两者之间。

从这个理论出发，最终可以推断普遍的虚伪和做作，一者是那些虚伪的人、夸耀的人、自大的人和很有主见的人可以用自己的个性去吸引他人；二者是那些过分虚伪的自谦的人，他们一方面去宣扬自身的缺陷，另一方面又特别自卑。

在过分自大和过分自卑这两者之间，我们应该正确地看待自身，这一点可以毫不费力地做到。我们完全可以无视他人的批判，只需要用理性的态度去接受就可以了，而且可以允许他们稍微对自我的行为产生一点影响，这种态度就很好了。我们没有必要穿高跟鞋，或者戴高帽，或者用别的办法来体现我们的精神境界。我们也不必去白白浪费颜装和粉膏。我们应该正确地看待自己的真面目，而别人如何看待我们，这不需要我们去操心。

第七章

游戏心理学

游戏中的冒险心理

人们爱玩游戏，最初是因为喜欢探险，有一种侥幸的心理。死板的生活让人觉得很乏味。你只要把鱼饵放在鱼钩上，然后把线放在水中，就可以把鱼钓上来，尽管这个游戏能够获取丰厚的收成——鱼，但是这也难免显得太没有意思了。垂钓的快乐就在于钓鱼的人无法肯定自己到底有没有好运气。

人类很久以前就存在这种刻骨铭心的天性，那就是游戏。在原始社会，所有人都要学会打猎，他们每天都过着危险、紧张和刺激的生活。

这种生活慢慢就变成了人类稳定的工作，以打猎为生，让人觉得很刺激。尽管种地也可以稳定地获得粮食，但种地却很乏味。原始人天生就喜欢探险，直到现在，人们仍然存在这样的心理。你能在各行业中，像律师、教授、银行家、经理和工人中，找到那些喜欢玩游戏的人。

好赌就是在侥幸的心理下产生的。人类无论是处于原始社会，还是处于文明社会，无论是贫穷，还是富贵，都喜欢赌博。骰子、骨牌和彩票，还有各种各样的猜谜语游戏，一切都是人类为了满足自己好赌的本能。1849 年，那些去美国加州淘金的人们，他们白天去淘金，夜晚就用白天的收获来赌博，而且整晚都是那样。探险就是人性中爱玩游戏的天性。所以，股票和各种各样的投机倒把的事情，尽管也能算得上是一种职业，可本质上都是在赌。

游戏本来主要是男人的特别需要，但是也有一些女人把和男人谈情说爱当成一种闺房游戏。谈情说爱首先就要有人主动去追求，而追求他人也是一种玩乐。生意人整天都在为钱财奔波，在他觉得乏味的时候，就会掉转方向去打高尔夫。不管是做生意，还是打高尔夫，都是存在竞争压力的，这也就是游戏的次要特征——好胜的本能。在生意场上，你和自己的同行争夺胜利；在打高尔夫的时候，你也会遇到竞争者。只不过在球赛上，你所获得的是分数，而在生意场上，你所得到的是银行存款的不断增多。假如你可以破纪录，就会有前所未有的惊喜，因为你打败了所有对手，成了天下无敌的大英雄。

竞争也就是一种挑战，在还没有爬到最高峰之前，在还没有去过地球的最北边之前，人类永远也不会停下自己的游戏本能。大西洋是对飞行员的挑战，当林白大佐顺利穿越大西洋的时候，世界人民都沉浸在成功的欢乐中，疯狂地庆祝游戏的胜利。

在辩论大会上的观众要比普通演讲的观众多 10 倍，可还是没有观看拳击赛的人多。原因在于拳击是人天性中就存在的本能，可以激发普通观众的兴趣。

游戏的附属品是赌博，这种方法可以用来吸引旁观者参与游戏，也就是让别人替自己去玩游戏，用激情来打赌。在棒球迷或者足球迷利用激情或者金钱来做赌注的时候，他们就会感到自己成了球员。假如打高尔夫和纸牌没有加入赌注，那么很多人就不会玩得那么开心。

迷信也属于游戏的一个附属品。热爱探险的人大多数都迷信某一种符咒，渴望能走远并远离灾祸。打牌的人喜欢转动自己的座位，也是希望把好运气转到自己这边。

水手中迷信的人特别多。他们在手臂上刺青或者做记号，很多都是为了获得好运气和良缘。星期五不出航的规定是直到最近才取缔的。究竟是水手要这样呢，还是乘客要这样呢，大家可以随便猜猜。

生意人不去从事正当职业，而去玩游戏，是因为这样做，可以让自己获得一种内心深处的深刻的满足感，所以当他返回办公室的时候，还会不停地说起之前玩的游戏。玩游戏最好的心态就是胜不骄败不馁。

公正的游戏也可以用来引导人们更好地为人处世。真正懂得怎样玩游戏的人，在钓鱼的时候，只钓那些有反抗力的大鱼，而且用不着自己费力去扯鱼线。

论粉丝

"粉丝"（Fan）是"Fanatic"的简称，在字典上的解释是"太过热情"，新闻记者经常会用到这个词，简单地说，就是行为举止很疯狂。

曾经有一些特别危险的疯狂，大部分都是和宗教以及政治有关。人们总认为自己不会犯错，而对那些异见者极其残酷。我们如今所谓的"粉丝"，这种对足球、高尔夫球和电影还有别的东西特别崇拜的热情是没有害处的，但这种疯狂到底是怎样产生的呢？

原因在于尽管我们都喜欢工作，可是我们只能做一份稳定的工作，而且时常还要做一些兼职，才可以勉强养家糊口。这种死板的生活让我们觉得很乏味，所以我们一定要做一些可以振奋人心的事情，只有这样我们才能过得更开心。这种事情也许是一种游戏，也许是一种特殊的爱好，既让人觉得很痛快，又让人觉得很震撼。在游乐场玩过山车，你可

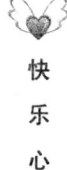

以坐在升降机的椅子上，尽情地感受震惊带来的刺激，而不用担心会产生任何危险，但是这样的震惊没办法维持很长时间，只有长时间的震惊才能让人真正变得疯狂。

收集的嗜好就是一种平静的疯狂，把收集罕见的邮票和古董作为一种快乐。在那些没有这种嗜好的人看来，他们所收集的东西都是垃圾。崇拜运动的人所选择的偶像都是那些生机勃勃、充满活力的人。好的生活需要人们主动去追求，一个生意人对金钱产生厌烦心理以后，就会去玩高尔夫球或者棒球。当他们崇拜的球队赢得胜利的时候，他们就会粗声粗气地疯狂地叫起来。好的生活也是需要人们去奋斗才能拥有的。对于同一件事情有不同的人都想做到，那么就会产生竞争压力。只要是有竞争的地方，就会有很多人去看热闹，譬如，辩论赛或者拳击赛。人们对胜利带来的惊喜和对失败带来的危险都会很震惊。观众也间接地参与了竞争，但他们只崇拜竞争双方中一方。

打赌最能激发人们对游戏的疯狂，这是因为打赌要分胜败，从而让你产生一种强烈的震感。打赌和玩游戏就像是一对孪生兄弟，可是一个理性的记录员却不会像真正的疯狂者那么有意思。假如做一件事情不掺杂一丁点热情，那就像从来没有做过那件事情。一个波斯王子去英国规模最大的赛马场观看赛马，当有人询问他是否觉得有趣，他答道："永远都有一匹马跑在最前面。"如果你像这样去看赛马，那么你总是会觉得很乏味。

喜欢普通游戏有一个好的地方，那就是可以做集体中的一分子，他们互相影响，让大家沉浸在同样的热情里。粉丝需要一种集体的力量，就像同一种类型的鸟都喜欢在一起待着。所下的赌注越多，不管是下棋还是赌钱，越能激发大家的热情。胜利者就是粉丝心中的偶像——每个人都有崇拜偶像的心理。有时候粉丝花了很多钱，只获得了一些震撼，再也没有其他收获，但是他们仍然觉得很有价值。

我们并不是一台机器，即使我们是机器人，能让我们充满动力的也只有热情。拥有个人的兴趣爱好不是坏事，这种爱好能让人调节好自己的情绪，让人维持好的工作状态。粉丝在支持偶像的游戏中永远都充满了热情，有时候，即使已经回到了日常工作岗位上，他们的热情还无法完全减弱下来。

独行侠和好群者

现代社会是一个喜欢聚会、聚餐和社交的社会。人类也像鸟类那样喜欢和自己的同类生活在一起。假如城里人身边没有朋友，就会觉得很孤独。说到同伴，人只有和那些知心知意的人在一起才会深入发展下去。人类在娱乐上投入的热情比在事业上投入的热情更多，尽管我们一定要独立地做很多工作，可是寻欢作乐的时候，一定要和很多人在一起玩才会开心。

人身上的这种好群的本能，让扶轮会、商人俱乐部、广告俱乐部、神龙会、助手会、狮子会、麋鹿会、水牛会和别的各种各样的社会组织诞生了。人们培养出了团结一致的原则，建立了大规模的军队。

一个可以适应集体生活的人，不管他有什么样的工作状态，在集会的时候他总是那么亲切。买东西或者卖东西，制造东西或者运输东西，领导他人或者服从他人——我们都处于一种供求关系的局限中。工作是劳动和竞争构成的，就是因为这样，我们都有工作压力，都在努力追求

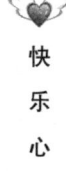

快
乐
心
理
学

212

最大效率。我们往往会说"工作就是工作"，或者"人们去工作，不是为了锻炼身体"。就某种意义而言，人类产生这样的观念真的很可怜，除非绝大部分人都可以在工作过程中收获愉快的心情和健康的身体。大公司不但给人们提供了工作岗位，也给人们带来了幸福，员工可以一起去找乐子，在生活中还可以帮助对方。工作会让员工之间相处得更和谐，这样对老板和员工都有帮助。

人类喜欢成群结队，所以总会有所表现。如果我们可以在一起吃喝玩乐，一起唱歌跳舞，大家都怀着一样的热情和心情在一起，那么工作也会越来越顺利。有一些工作需要大家团结一致才能完成，集体会产生一种凝聚的力量。好群性可以激发大家的集体精神，因为他们有着同样的利益出发点。

集体中的所有人都是平等的，每个人都可以找到属于自己的地位。他们都是特别普通的人，但不一定是特别聪慧的人。美国最有智慧的民主党员罗素在文学界和政治界的功绩都很卓著，他觉得，领袖人物决定了政治的民主与否。好群者就是未来领袖的引路人。好群者所倡导的民主观念，是为了体现自己的社会本能。

如果你希望一个人永远都充满智慧，就人类的本性而言，你在这一点上的希望就很不明智。当你和一群善良的人待在一起的时候，你会发现有个好处就是可以掩饰自己的愚蠢。好群者渴望自由，摆脱工作上的约束，从而去体会人道主义精神。他永远都在准备着尽职尽责，这是因为他不仅要为人民大众谋福利，还要为自己谋取利益；他不仅是一个优秀的公民，同时也是一个有道德的商人。好群者总希望社会更进步一些。

网球和个性

无论你在研究人性中的哪一个部分，你都会发觉这样的行为——也许是谚语，也许是游戏，人们总喜欢用行动张扬自己的个性。以下的文字就是从报纸体育栏摘录而来：

这边是平静的威尔小姐和热情的格斯小姐在进攻，那边是轻浮的美娜夫人和好强的斯可波小姐在防守。尽管威尔和格斯那边极少出现失误，然而她们的竞争对手却经常放花炮。威尔小姐的重击以及格斯小姐在救球的时候获得了热烈的掌声，然而，美娜夫人和斯可波小姐的拼力一搏，也让观众十分赞赏。

我们都玩过网球，想要让网球落在一个范围内，需要的是技巧。这样说尽管没什么错，然而，技巧就如做生意、诗歌、音乐、纸牌、政治、财政、律师和教授等复杂职业，需要人们全力投入进去，这和人的性情有极大关联。性情是一种无法捉摸却永远存在的气息，它可以决定你的工作效率。

打网球有很多技巧，有平静的打法，打球的人从容不迫，发球平稳，用战术来打球；还有轻浮的打法，打球的人喜欢用重击法；还有庄严的打法，打球的人循规蹈矩；还有灵巧的打法，出奇制胜，神出鬼没，可这种打法容易犯错；还有旁观的打法，例如，有些人只喜欢看人放花炮和引人注目。

你能从四个牧师传道的过程中判断出他们的性情，也能从四个商人的为人处世中判断出他们的性情，每个人都有自己的性情，只是不同职业的人表现出来的性情不一样罢了。在人们谈恋爱的时候，交朋结友的时候，与家人相处的时候，都会体现出自己的性情。

性情是这样一个名词，它可以用来体现你在工作和游戏过程中的智慧、观念和情感。性情不但能体现个性，也能反映出自己所属的社会阶层。例如，这四个选手对观众在台下的欢呼都有着各自不同的反应。

性情只是个性的一部分，任何一个人，甚至于大多数动物，都会有属于自己的性情。大家所说的性情中人，也就是说他的个性很要强，很容易被人看出来。

想知道这四个选手的性情，那么最好去观察她们怎样看待成败问题。

心理学家也不知道，性情到底是如何产生的。他们觉得性情是人类天生就有的一种气息，品性就是在性情被训练以后形成的东西。

性情和感情有着密切的联系，譬如你在接人待物上的态度。无论是脑力方面的工作还是体力方面的工作，性情都对其有促进作用。性情可以让你热爱自己的工作，并全身心投入工作，而又不必沉迷其中。所以网球不仅是一种技巧的较量，也是性情的较量。

网球和别的竞技的区别就在于它有固定的准则。我们无法把工作看成是一场又一场比赛，并用最后的得分来确定谁胜谁负。评价工作效率的标准特别多，并且还没有固定的准则。有时候自己觉得自己赢了，但是别人却不承认这一点，反倒扣去你的薪资和奖金。有时候，尽管你获得了别人的认可和掌声，但是自己却对自己的工作很不满意。有一些人的工作状态一直很好，还有一些人却喜怒无常，这其中性情就起到了关键作用。

论休养

在人们觉得心情不舒服的时候，就会有人劝告他说："抽空歇一歇吧！"

休息既不是药店可以买到的药物，也不需要去从字典里查，但是它却是一剂良药，你应该保持适当的休息，以便体力更快地恢复，充满活力。

病例一："我不知道自己到底哪里出了毛病，可我总感觉自己像一具活着的尸体，一个机器人。我每天上班就接收和发送一些邮件，所有的工作早就安排好了，下班回家后接着看一本枯燥乏味的书，看完就睡觉。有时候我也能感受到一点快乐，可往往都很短暂。你有没有办法帮帮我呢？"

答案："让自己适当地休养！"

病例二："我感觉自己活得一点意思都没有，我觉得所有事情都很陈腐、乏味而毫无意义。从第二次世界大战结束后，我回到家里，情绪就更加低沉，尽管我赚的钱越来越多了，可我觉得攒钱也没劲，就像别的很多事情一样。我觉得特别疲劳，每天最幸福的事情就是完成工作后回家睡觉。我已经变得越来越衰老了，你有没有办法让我的人生变得更有价值呢？是不是我的身体出了问题？我总以为自己患上了什么疾病。"

答案："让自己适当地休养！"

病例三："我刚刚在广告词上看到了这么一句话：'像你女儿那么年

轻.'可是怎么做到这一点呢？因为每当我和自己的女儿待在一起玩的时候，总觉得自己力不从心，很容易疲劳，并且也没有任何快乐可言。你有没有办法让自己专心致志地做一件事情呢？能不能让自己既喜欢钱，又不必顾及谋生的各种烦恼呢？所有女人都希望在衰老的时候仍然可以像年轻的时候那样貌美如花，即使无法继续美丽下去，最起码要想想办法在老去的时候仍然很快乐，不是吗？也许男人是无法理解这样的提问的。"

答案："让自己适当地休养！"

病例四、病例五和病例六的情况都和上述内容一样。我们最后给予的治疗法在一本书里可以发现，也就是麦尔逊博士写的《当人生丧失热情》。这本书里提到了一个病例，是关于一个从国外回来的面包店学徒，内容是："他去法国的时候，可以在任何一个地方，在任何一个时刻，吃任何一种食物，然后睡在青草地上，次日醒来就可以恢复体力，正如一头两岁的牛一大早出去觅食一样。他对很多事情，像朋友、女性、音乐和书籍，乃至枯燥的体力工作都有兴趣。然而，此刻他吃不好，睡不好，心情也不好，任何一件事情都无法使他高兴，他不喜欢自己，也不喜欢别人，乃至于那些卷头发的美女在他眼里看起来就像一个带毛的萝卜。他变得像装着木屑的机器人一样，和任何一个挖沟的工人都可以调换岗位。"

这种病症特别危险，需要长时间的休息，才能慢慢地恢复原来的快乐。也许当他绝望到极点的时候，又会产生快乐。但是，很多病症都使人慢慢地变得消极，慢慢地丧失了热情，因此就要好好休养，以便早日恢复。休养和休息的区别就在于，你必须自己去做一些事情，而这些事能成为恢复你的热情的营养品。任何适当的休息对你而言都是好的，然而，休息无法代替休养。如果是为了肤浅的快乐就去休养，反倒会让人变得疲劳。花很长时间去看电影、跳舞、喝酒和熬夜，都会使人更加疲劳。合适的有所节制的娱乐活动是对身体有好处的，动听的音乐和有意义的书都能让人摆脱工作的疲惫，让精神舒服一点。那么你就获得了休养，而不会再觉得生活乏味了。

所以，任何一个人都应该有正当的工作和一种业余的兴趣爱好，前者可以作为一种职业，而后者就是一种休养，并且一定要保证这两件事情的性质完全不一样。人们可以把玩纸牌当成一种正当的游戏，然而，假如用打牌来赌钱，每天就需要付出很大的精力，那么玩纸牌就不再是一种休养了。对于有一些人而言，高尔夫球可以起到很好的休养作用，这是因为在打高尔夫球的过程中，不能光看别人打得怎么样，不能像看足球赛和篮球赛那样（尽管这也是一种休养的方法），而是需要人满怀热情地投入其中。

钓鱼也可以作为一种特别好的休养方式，它可以从环境和动作方面激发人们全身心的热情，让人更舒服。有收集嗜好的人也会去积极追求自己想要的东西，最终也会得到一种幸福和热忱。普通人像修理工、园丁、工人、老师和摄影师在工作的时候，都能获得固定的休养时间，从而为自己的工作成果而喜悦。假如喜欢旅行，也能在旅行过程中发现不一样的风景，并且培养一种新的兴趣爱好。开汽车也能算得上是一种休养方式，然而，假如在拥挤不堪的路上开车，就要经常注意躲避车祸，这就不能说是一种休养了。在很多休养方式中，最好的办法是和小孩子一起玩，这也是老人最喜欢的室内娱乐。

所有人都应该去选择合适的休养方式。很多休养方式只要用得好，就能让生活不再那么乏味。在人们紧锣密鼓地工作的时候，在精疲力竭的时候，就更加需要好好休养。过分疲劳会让人丧失热情，睡不着，吃不好，从而变得消极、恐惧和疲劳。因此，在你工作疲劳的时候，就应该好好休养，以便更好地调节自己的情绪。

第八章

慧眼识人和自知之明

快 乐 心 理 学

慧眼识人

总是有很多人无数次地问心理学家"关联"这个词该怎么解释，它的解释特别有意思："很多事物同时具有的连带关系。"世界上很多有连带关系的那些事情，我们都特别感兴趣。对于那些我们很珍惜的聪明才智和别的技能和能力，我们是热爱的，从而会观察它的特点。例如，如果说，人高马大的人比矮冬瓜要聪明，那么身高和智力就存在一种关联。假如这种关联极其精确，那么我们在检测一个人的智商的时候，只需要看看他的身高就可以了。

然而我们都知道这不可能成为事实。从人的身高来判断他的智商，恐怕这是世界上最愚蠢的办法。所以，我们就知道，世界上的所有事情，特别是人性，想要挖掘其中准确的关联，特别困难。人类渴望实现这一点，所以创造了很多从脸部特征去观察一个人的特殊办法。

有种很寻常的看法，觉得美女的气质和丑女的气质截然不同。另外，还有一种寻常的看法，觉得某人下颌的某种样式可以证明他这个人既坚强又有毅力，如果下颌的形状是别的样式，那么就可以证明他的性情很软弱。这些事情都体现出了人类在寻求外在和内在的某种关联。然而，发现这种关联的人却没有事先去寻找证据，反而马上就得出结论。这样的结论也许会有一点隐隐约约的关联，然而，这样的关联真的无法支持这个结论。

在人体的构造中，有很多部位明显都存在着紧密的关联。例如，身高和体重是有关联的，100 个高个子的平均重量，肯定要比 100 个矮个子的平均重量要重。然而，我们却无法按照某一个人的身高来预知他的体重，也不能用某一个人的体重来预知他的身高。

要看一个人的袜子的尺寸，最常用的办法就是用袜子的底折包住他的拳头，让袜子的脚后跟部分和脚尖部分连起来。那么就可以测出袜子的本来尺寸。这是因为人的拳头周长和脚板的长度存在着精确的关联。

然而，假如说到我们平时最关心的很多事情，譬如聪明人到底是什么样子，他们具备音乐的才能吗？他们具备经商的才能吗？或者他们可以做机械工程师和社会工作者吗？这些都没有明显的标志可以体现出来，这是因为没有任何特别的标志与这些才能有精确的关联，这也是因为，人体组织特别复杂，不一样的地方很多，我们一定要从很多不同之处去追根溯源。如果世界上的所有事情都有精确的关联，而且可以发现一件事和另一件事存在着关联，那么世界上的很多事情就容易多了。

所以，关联就是要看关系的精确度是高还是低了。假如某件事情和另一件事情本来没有关系，但这两件事情发生的时间是一致的，那么这就是一种偶然的关系。例如，自杀和下雨的关系，自杀的人数不会因为雨量的大小而变化，但是，自杀的确和气候有关，只不过它们只有一点点关系罢了。而且有一些事情之间的关联是成反比的，譬如，马奔跑的速度和它的精力。

幸运的是，智慧可以体现在不同的方面，要是一个人在某件事情上很有才能，那么他在别的事情上可能也很有才能，但是，绝对不会在所有事情上都很有才能。我们既有普通的才能，还可以有特别的才能。对于人类的很多特点，我们无法去探究其中的关联，也正是因为这一点。

上文中提到的情况激发了人类用科学的方式去探究人性中的很多关联。首先我们权衡很多人的各种各样的才能，接着按照这些研究材料去观察人类的身体和精神，在哪些事情上存在关联。我们研究的人特别多，所以要把大致的倾向分门别类，我们按照人的种族、性别和遗传基因的区别，还可以按照他们的祖辈和自己以前的所作所为，就可以预知一个人的未来。

这个问题很实在，也很重要，所以我们对自己的特殊才能都特别关注。我们收集了很多材料来证明未来的成败和过去行为存在着怎样的关联，那样就可以启发普通人去做自己合适的职业。我们观察一个人的能力，就可以建议他应该从事什么工作，就能保证未来可以成功。

自知之明

一般情况下，一个人对自己的看法，要比别的所有人对自己的看法都要好。换而言之，就是你评价他人要比自我评价更加严格，也更加精确一些。

这句话到底对不对，我们可以做一个实验来证明一下。巴纳德大学的霍林思教授就做了这么一个实验。他让 25 个很要好的女学生分别把其他 24 个朋友按照某种特征做一个排列，例如，把爱干净这个特征作为一个例子，每个人从剩下的 24 个人中选出她所认为的最爱干净的那个人为第一名，再选出排在其次的人为第二名，以此类推，与此同时，还要把自己也列入其中，直到第二十五名就是最不爱干净的那个人。别的像

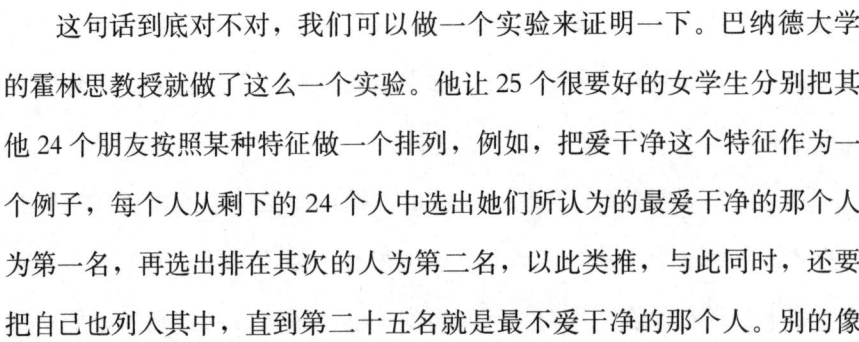

快
乐
心
理
学

224

每个人的智慧、幽默感、自大、外貌、粗鲁、功利性、雅致、社交才能等，也可以做这种实验。

从这个实验和上文中提到的自满的思想就能证明，你评价他人要比评价自己更准确。玛丽对安娜、白德、可娜、多娜等不同人的智商、外貌、自满和社交才能等方面的评价，大致都很准确，这要比她对自己在这些方面的评价要准确很多，最后还要看陌生人和熟人是怎么看你的。假如我们把外人对自己和朋友的评价作为一个标准，那么就可以看出，自己对自己的评价是不如自己对朋友的评价那么准确。

另外，假如我们去观察一下玛丽对自己的外貌、智商、自大、功利性等方面所做的评价，说得难听点，她对自己的评价看起来也未免太夸张了点吧。在各种特征中，她高估自己了，特别是她觉得自己比朋友要儒雅和幽默一些。她对自己的智商和社交才能方面所做的评价，也比别人对她的评价更高。同理，玛丽对自己的粗鲁和功利性，却要比他人在这方面的评价更低。

就玛丽对自己的特征所做的评价而言，究竟她对自己哪几个方面的评价较为中肯，就像他人所评价的那样呢？只有她自己在镜子里看到的自己是没错的。玛丽对镜子里的自己的评价就很中肯，也就是说，世界上那些夸耀自己美丽的女人，以及那些厌恶自己丑陋的女人，从数量上来说大致都差不多。然而，世界上那些高估自己的文雅的人，几乎要比低估自己的文雅的人要多出四倍。这是为什么呢？尽管每个人的眼光都一样，可是外貌却没有什么具体的变化，外表是客观存在的，然而，儒雅或者粗鲁需要从行为举止和外表特征去体察。所以，你对自己喜欢的人就更容易去夸大他的优点，忽略他的缺点，对你自己不喜欢的人，就更容易夸大他的缺点，而忽略他的优点。美丽和整洁都是肉眼可以看见

225

的，但自大的心态却无法看到，这需要从个人的言行举止中去发现。

另外，还有一个特别有意思的问题。如果你的某种特征要比别人突出很多，而你对这方面的评价，会不会比别人对这方面的评价更准确一些呢？事实确实是这样的。一个文雅的女人在文雅这个方面去评价他人，那就比一般的女人要评价得更准确一些。一个聪慧的女人在智商方面对别人的评价也要更加准确。可以说，这个实验是给你一面看见内心的镜子，你可以从镜子里看见自己，就像他人可以看见你是一样的道理。在这个方面你稍微夸大一点很正常，而且也没有什么坏处。况且这也许能为你确立一个生活的目的，以便更积极进取。如果对自己要求太低，或者太不相信自己，就会让你觉得自己很渺小，百无一用，这样下去就会妨碍你的个性的发展。你可以把自己看得更优秀一点，可不能过分地夸大事实——接着按照你自己确立的标准去奋斗。

他人是怎么看待自己的

在你找工作的时候，你会觉得有些紧张，这是因为你把所有希望都寄托在第一次见面时给别人留下的印象上。如果那个老板并不完全了解你，也许你就不必完全靠猜想去展现自己的优点而掩盖自己的缺点。那么他对你的态度就很寻常，从而可以让你获得一些安慰。只有那些本来的陌生人才需要互相认识，所以你特别熟悉的朋友就不需要你刻意去认识他究竟是什么人。

如果你顺利获得这份工作，那么经过更长一段时间的了解以后，你对他的看法，或者他对你的看法是不是会有所变化呢？是变得更好了呢，还是变得更坏了呢？无论在爱情上有没有"一见钟情"这种事情，在工作中，"一见就用的人"确实很常见，而且这也是必需的。尽管这两者都需要历经一段时间的磨合，然而，假如一开始双方都不真诚的话，那么最终肯定走不到一起。

所以，你对熟人的评价怎样，你的朋友对你的评价要比陌生人对你的评价高多少，还有你初次见面给人留下的印象和长时间相处以后给人的印象是什么样子，这些研究下去都特别有意思。

克里登教授让 20 个男生和 20 个女生评价他们最熟悉的朋友，看看他们的智商、判断力、真诚、决断力、领袖才能、写作能力、感情上的行为表现、社交才能等都达到了什么程度。接着再让完全陌生的校长和老板通过初次见面对他们以上各个特征进行评价，并且这些校长和老板在知人善任方面都很有经验。

大致来说，在大家进行一番对比之后，发现陌生人的评价都大同小异，朋友给予的评价也是这样。但是这两者的评价却有些区别，朋友的评价相对来说要高一些。因此长时间相处之后得出的评价要比初次见面得出的评价要高一些。要看一个人是否真诚，这一点是最难以进行评价的，每个人对于这一点都有不同的看法，其次难以评价的就是社交才能。

诚然，陌生人和熟人评价一个人的标准是不一样的。陌生人大多数都是从一个人的外表和行为举止去评价，但熟人对这一点却已经了如指掌，况且一个人在熟人中当然更自然更随意一些。陌生人的评价很容易就会改变，因此见过两三次以后要比初次见面的评价好一些，这样的话就更容易判断出对你印象是更好还是更差了。

各种各样的陌生人的评价，在某几个方面比较精确，但又各自有不同的地方。有些人的评价四分之三是对的，而另一些人的评价却有四分之三是不正确的。所以，这个实验也可以体现出你对初次见面的陌生人的评价能力到底怎么样。

女性做一个评价往往要比男性快很多，尽管男性考虑时间要长一些，却可以评价得更准确。

另外，评价一个人的第三种方法就是算命先生最擅长的方法，也就是看一个人的脑袋形状，是又长又瘦的，还是壮硕结实的，是漂亮的还是丑陋的。这种方法只能算是一种猜测罢了，有时候可以猜对，有时候就会猜错。把脑袋的形状和别的地方放在一起看，也许会有一点作用，然而，单独看脑袋的样子肯定看不出来。按照一个人的行为、表现、神情、礼节、姿势、谈吐、声音以及整个交流过程（不只是零碎的几句话）等，就可以详细地观察一个人，这的确要比以貌取人可信多了。

对一个人究竟有什么印象，我们要根据的情况的确是太复杂了。所以那些评价别人的人，就算是眼光独到，都很难说清楚自己到底是根据哪一点做出了评价。就算你只评价一个人的某一种特征，仍然会很困难。一个大型百货商店的会计是怎样确定谁可以赊账，谁的支票可以兑现呢？就现代社会所有事情的发展而言，我们怎样评价一个人，往往都是依赖初次见面留下的印象。所以，我们的确很需要深入去研究这种初次见面的印象究竟有多么准确，究竟怎么做才能让它变得更准确一点。

字如其人

我们很难断言，什么样的简单的识人办法是最无意义的。到底是看一个人的手相（也就是看一个人生来就有的掌纹）呢？还是看一个人的字迹（也就是看老师交给你的写字方式）呢？这两个办法都特别愚蠢，特别幼稚，它们的愚蠢程度简直不相上下。

那些算命先生之所以看起来特别幼稚，实在是因为他们坚定地认为所有细节之处都是正确的。那些探究笔迹的书籍，和那些解释梦境、看手相以及算命的书籍都是一个类型的，只会对你说一些荒唐之言。譬如，"如果你的字迹是向上的，那就证明你有理想，很自负，积极进取；如果你的字迹特别细小，那就证明你是一个细腻、敏感、胆怯而还有怕羞的人；如果你写出来的 M 或者 N 特别窄小，那就证明你的性情特别狭隘，胆小怕事；如果你的字特别粗大，落笔特别重，你在 T 字上的一横经常写得很重，那就证明你的性格强大而充满力量；如果 T 字上的一横写得很长，那就证明你做事情很有耐力；如果你写的 O 字和 A 字上面没有合拢，那就证明你是一个心胸开阔而又温柔的人，相反，假如上面都合拢在一起了，那就证明你是一个深藏不露的人。"这些推断假如是作为一种茶余饭后的笑料倒也罢了，假如当成学问来研究，那就贻笑大方了。

但是，世界上的确有很多人都对这种说法和别的类似的无稽之谈深信不疑。他们好像认为这种看法很有意义，并且用显微镜和测量器去详细地考察一番。他们貌似和利索尼亚或者别的内省的农民一样，对任何东西都说："让我看看。"能被这种虚假的科学欺骗的人就是这种人。

威斯康辛大学的荷尔（Hull）教授和蒙哥马利老师，让 17 个互相很了解的医学院的学生，每个人都按照下面列出的各种特征来评价另外 16 个同学。譬如，他们在进取、自负、怕羞、坚强、坚忍、刚毅、大方等方面特征是怎样的，接着让所有人把平均获得的特征计算一下。对于每个人所写的字迹，就让他们各自抄写一段相同的文字，再把这些字的倾斜度、粗细程度、落笔的轻重、字迹的开合等，在放大镜下小心翼翼地加以检测，连五十分之一英寸那么小的字迹都可以检测出来。

现在就把每个人评价其他人的性格按顺序分类排好，例如，进取、怕羞和大方等，接着把每个人的笔迹也按照"笔迹画"的顺序排好。如果这两个实验可以相吻合，乃至于基本一致，那就证明笔迹确实有道理。例如，假如说有两三个人在"大方"这个方面排的位置很靠前，与此同时，他们所写的 A 和 O 的上面的开口很大，别的各个方面都能一一对应，那么就能证明这是一种正确的学问。然而，事实上结果到底是什么呢？实验完毕后发现，这两种没有一点是可以对应的。假如在一些小纸条上写上这些学生的名字，然后放在帽子里，接着随手抽出其中一张纸条，就说第一个被抽到的名字一定是最有上进心或者最害羞的人，这会像依靠笔迹去判断一个人那么准确吗？也许你可以按照人的鞋子和帽子的大小去判断他们的性情，这种方法不也可以判断一个人的性情吗？

以上所述就是用特别复杂的科学法得出的实验结果。这样的实验对那些迷信笔迹的人会不会产生一点影响呢？还是你自己回答吧！但是这个实验并不是说笔迹没有任何意义，什么也无法体现。笔迹也和其他很多事情一样，是一种个人的体现，但是，这一点不足以支撑这种特别细致的、捉摸不透的、非科学的判断。这种谬误流行的原因在于你没有认认真真地去探究它存在的理由，仅从表面上听着好像很正确，也许是因为笔迹画中讲述的貌似特别准确，是无名的学者看了各个国家的帝王和很多电影明星的手相和书法所得出的结论，但是他没有做过任何实验。这种识人的办法，假如只是当成神庙里的装饰品，倒也无伤大雅，因为任何人都不会真的去重视它。

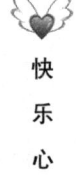

快乐心理学

230

照片相人准确吗

很多算命先生，或者稍微懂一点相术的人，认为自己可以从照片中看出一个人的性情，他们的看法是对是错，这一点很容易就能判断出来。

如今很多职业化的人都必有自己的照片，因此照片特别重要。科尔盖特大学的教授罗纳德就是这方面的专家。他想检测普通一班的学生的评价能力。他搜集了 70 张学生的照片，他事先就知道这些学生的智商得分，他从 70 张照片中挑选出 5 张男生照片和 5 张女生照片，这 10 个学生的智商差别很大，所以他很清楚他们的智商高低。他又请了 75 个学生来做评价，另外还邀请了 30 个人，他们属于社会上不同阶级、受过不同的教育，其中既有男人也有女人。他让那些做评价的学生去观察这 10 张照片，按照他们脸部体现出来的聪明或者愚蠢进行排序。

很简单就得出了结论，先把所有评判员的错误排列所扣除的分数计算出来，接着把所有人扣除的分数加起来再得出一个平均数，就计算出平均扣除的分数。这种按照照片来判断一个人的智商的实验，只能证明他们完全是瞎蒙的。没有一个人获得满分，大部分人都错误地猜测了很多照片，平均起来，他们只能猜对一两张，其中有三四张猜得比较接近，剩下的猜测都特别离谱。而这 75 个学生的评价结论，也不一定比别的 30 个不同阶级的人猜得更准确。实际上，貌似评价男人的智商要比评价女人的智商更简单一点，也许是因为男人没有别的因素会影响到智商吧。男性评判员和女性评判员的评价能力也大抵相当，没有明显的差距，但是女性评判员都会把其中四五张女性照片的排序排高一些。

假如我们做一个更简单的实验，只用两张照片，你只需要说出其中哪张照片看起来更聪明一点就可以了。那么你仍然有一半的概率可以猜对，碰巧结论也正是这样。即使你把眼睛闭上也可以猜对，这两张照片，不管是男性还是女性，或者是一个男性和一个女性，结论都没有什么区别。

对那些深信智商和别的特征可以从一个的脸部和照片上判断出来的人而言，这种事情的结论显然是很令人失望的。这个实验的结论并不是说你无法从一张照片上看到一个人的任何特征，而是也许你对其中一些模模糊糊的特征只有一种模模糊糊的印象。但是在最聪明和最愚蠢的人之间，评判员大部分都可以猜对。

我们要评价的东西有很多极其细微的区别，这些区别都体现在那些智商高些或者低些的人身上，这也是为什么我们难以猜对的缘故。那些迷信算命的人都认为你所有的特征都能从你的脸部或者你的字迹中找到，但这两者实际上完全是两回事。

从外表去观察一个人的性情，最大的问题就在于你的期望过高，希求结论就像你所推断的那样。此外还有一个更大的问题，那就是他们完全是胡乱猜想，而没有采取任何科学的办法。

但是，现在我们慢慢地按照那些构成人类性情的复杂因素，用精确的考察去创造一种系统性的学术，这样的学术往往无法完全避免错误，而最后的结论也无法用绝对肯定的口吻说出来。

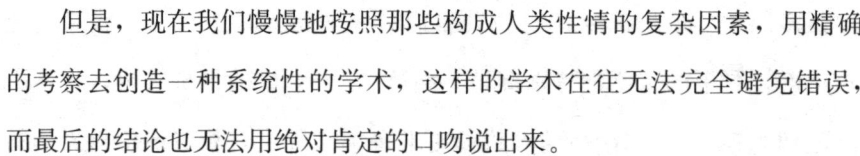

英国人和美国人的谈资

你选择与他人谈论什么，这取决于你的爱好和热情。男人喜欢谈论"商业"或者"高尔夫球"；女人喜欢谈论"衣服"或者"八卦新闻"。心理学家成了一个倾听的人，他要去倾听人们在大街上、大酒店和戏院里所说的话，而且要特别留意到底是男人之间的谈话，或者女人之间的谈话，还是女人对男人说的话，或者男人对女人说的话，还有他们的谈话内容。他拿伦敦和纽约这两个地方的考察结论进行比较，结论是英国人和美国人存在心理差距。

现代社会交通越来越发达，全世界都是这样，古时候，大自然就已经把全世界的男男女女造就成相同的结构。同样，不管在英国的牛津街，还是在美国的百老汇，或者在各个大城市的街上，人们最喜欢的话题总是大同小异，人们所说的话题都特别狭隘。第一大话题就是钱和经济；第二大话题就是男人；第三大话题就是女人；第四大话题就是游戏和娱乐；第五大话题就是衣服和装饰品。此外，人们也特别喜欢说自己的故事，聊"八卦新闻"的人也很多。这些话题伦敦也聊，纽约人也聊，哥伦布斯人（美国的俄亥俄州）也聊过。然而，不同国家的人在谈论的趣味程度上有所区别，同时也体现了不同国家的风俗习惯。

在纽约和哥伦布斯，男人和男人之间的话题总是关于经济，大约有二分之一的男人会谈到商业，但在伦敦只有三分之一的男人会这样。美国的女性也爱说起经济话题，但英国女性却对这一点没有兴趣。可是英国女性却经常和男人在一起谈论经济话题，以便附和男人的爱好。在英国，只有女大学生之间会谈到运动，此外，极少有女性会和同性谈到这一点，这是因为她们很看重个人隐私。相反，美国女性却对运动很感兴趣，和美国男性一样喜欢谈论运动相关话题。

美国女性要比英国女性更喜欢谈论衣服，而纽约的女性比女大学生更喜欢谈论衣服。美国女性最喜欢的话题是男人，而纽约女性比哥伦布斯女性更喜欢这一点；她们和男性谈论"男性"，迎合男性，或者招惹男人的喜爱。而英国女性更喜欢谈论女性，纽约女性和伦敦女性比起来，更喜欢谈论衣服；但伦敦女性的话题比纽约女性的话题更为广泛。英国男人不喜欢谈论女性，最起码他们不会在大街上这样做。

要是英国人在和女性说话，往往会附和对方；但美国女性却会去附和男性。英国女性要比美国女性更喜欢同男性分享兴趣爱好，在这个方面纽约要比哥伦布斯好一些——这就是为什么我们认为哥伦布斯有点偏僻的原因。

就上述现象而言，我们可以发现男人和女人的兴趣不一样的原因，绝大部分是由男人和女人之间的自然结构和生活道路不一样造成的。风俗习惯也会对此产生很大影响，但风俗也会遵循自然的引导。女人喜欢的东西绝大部分都关于私人问题，她们关注最要好的朋友和自己的穿着打扮；男人喜欢的东西大多数都是有关客观现实、外部活动和伟大事业。

风俗习惯既可以促进人的天性，同时也可以抑制人的天性。我们的兴趣爱好源于天性，而我们天性中体现出来的自由度则取决于风俗习惯。尽管美国注重民主，可习俗对它的约束要比英国大些，在学校要比在大城市受到的约束更大些，虽然现代的年轻人往往体现出一副桀骜不驯的样子。异性之间的谈话要比同性之间的谈话要拘谨很多。英国男人和女人说话的时候，大多数情况下都是男人附和女人，而美国却是女性附和男性。就聊天的经验而言，美国人很多都不愿意和女人聊天，因为那些乐意和男性聊天的女性总是喜欢附和男性。

　　这就是一个心理学家在没有经过详细咨询和调查，而只是在大街上倾听很多普通人的闲聊所得到的大致结论。想了解英国人和美国人的谈论的话题有哪些区别，这确实是一个很好的办法。我们不喜欢别人对我们的聊天话题作出的评价，就像我们不喜欢别人对我们的外貌所作出的评价一样。但是，令人欣慰的是，也许这些结论对你和你的朋友来说都不恰当，不过对别的人来说却很恰当。

第九章
职业的抉择和坚守

快 乐 心 理 学

你适合什么职业

看看那些统计人类职业的表格，你就会发现，世界上绝大部分人都是和物体打交道，如制作一样东西、做手工活儿和使用机器工作等。擅长做这种事情的人都有一个不错的手艺，然而，正是因为太善于做这种事情了，所以易于变成机器人。

另外，世界上还有这样一种工作，不和物体在一起工作，而是和人在一起工作。老师、经理、书记和生意人，这类型的职业都要和他人打交道，影响别人，接待别人。只要是与人打交道的职业都是倾向于社会性的。

A既是丈夫的妻子，又是孩子的母亲，她在社交方面要比在管家方面担负更大的责任；B就碰巧与之截然不同。A擅长做鞋子和修理钟表，却不擅长做家务活；B是妻子的模范丈夫和孩子的好父亲，却不善于办理公事。所有人都一定要学会怎样与人交往和做好本分工作，然而，很多人只是擅长于其中一点。此外，还有一种人只擅长思考。怎样接人待物，这是一件需要提前思考和计划的事情，并且做这些思考和计划的人都一定要接受专业化的训练，因为这门学问需要人们专业化地去对待。那么，一般情况下，你是更适合社交性质的工作呢？还是更适合机械性质的工作呢？

弗雷德博士对于不同工作需要的不同特长和才能进行过专门的考察。他把某所工业大学中的倾向机械类的 30 个大四学生，与一所商学院里倾向社交类工作的 30 个学生比较。从他们选择的学科而言，就可以看出他们的特征不一样。弗雷德博士的实验可以判断出他们的区别在哪里。

实验的结论表明，学机械的学生在需要用到肌肉和精密观察之类的职业中成绩更优异，譬如，在一张表格做一个标志，确定一张图标是不是正确的，在一个特别小的空格里写字，等等。尽管这种事情就像是一个书记应该做的事情，然而，学机械的学生要比学经济的学生做得更棒。而学经济的学生对改变自己的字迹，仿写他人的字迹，准确而又迅速地考虑问题，还有讲故事等，要比学机械的学生做得更棒，而且他们的个人爱好也特别广泛，更喜欢读书，更喜欢自在地生活。学机械的学生考虑的更多的是对自己来说特别重大的事情。

挑选好的工作，这对家庭、社会和生活等各个方面都特别重要，只是这一点要通过实验来发现特别困难。最关键的事情就是找到适合自己的职业。那么，这其中有一个最根本的问题，那就是在社交工作和机械工作这两个方面，你更适合哪一个方面呢？保险公司的经纪人就是一种需要与人打交道的工作。

假如老板和员工双方都看清楚互相之间的社会关系，那么员工在社交问题上的需求就可以获得满足。尽管人类身上有很大倾向于机械类的性格，不过最后总不能归于机器那一类别。人类的天性要比一种职业的重要性大很多，在职业的抉择中，我们一定要遵循自己的天性。

脑力工作和体力工作

肌肉是服务于大脑的，肌肉是受过正当训练的仆人。在工业和商业上，权力较大的指挥者就称之为总经理，他们只是去指挥下属工作罢了，不管他们的命令多么合理，多么重要，假如最终没有付诸行动，那就没有丝毫用处。一个人可以具备天赋，然而，如果他的肌肉全部瘫痪，那么他就无法向世人展现自己的才能。一个人一定要运用自己的肌肉去写字、画画、雕刻、讲话和指挥等。最杰出的脑力劳动者也和普通人一样，都需要从他的所作所为来加以评定。

不管你做什么事情都必须要用到肌肉，特别是要用手去做。但是，在你指挥肌肉去工作之前，首先一定要指挥脑力去工作，你的身躯和肌肉就是你的体格，但是，你的大脑也有自己的体格。你到底最适合做哪一方面的工作，这要取决于你的大脑，你的肌肉只是会在同时让你做得更棒罢了。做珠宝生意的商人，铸造钱币的工人，还有外科医师和屠夫，都要用肌肉来工作，然而，他们所用到的肌肉部位和形式都不一样。做珠宝生意的商人和外科医师从事的工作非常精致而又灵巧，然而他们不是属于一种工作类型的；铸造钱币的工人和屠夫一样，需要花很大力气去干粗话。他们每个人的脑力劳动和体力劳动是有区别的，但前者的区别更大些。外科医师不懂修表的工作，就像做珠宝生意的商人不懂接骨疗伤一样；屠夫和外科医师的共同点就在于，他们都了解一些有关动物的知识，但是，外科医师和屠夫了解的知识是截然不同的，他们在体力和脑力相互配合的技能上所接受的教育也不一样。

如果珠宝商和屠夫从小就被人教育成一个外科医师，也许他们就可以做一个外科医师，并且珠宝商要比屠夫进步得更快。某一个人为什么会做珠宝商，某一个人为什么要做铸造钱币的工人，这是因为前者喜欢精细化的工作，这就是他的天性；而后者却喜欢粗重的工作，这也是他的天性。教育就是让你发展自己的天性，完善自己的天性。

任何一种职业都有体力劳动和脑力劳动的区别，关键在于你更倾向于做哪一方面的工作，这还要看你喜欢到了什么程度。在工业中，也可以把精巧的工作和不精巧的工作区分开来，精巧的工作不但是指你的心灵要精巧，也是指你的手工要精巧。游戏也和工作有同样的特点。一个打棒球的投球员把球扔给队员，而当队员抓到球的时候，就有人会夸他好眼力，好手法；可是他选择在什么时候扔球，这一点也可以体现出他智力不错，判断力也比较准确，假如他胡乱扔球，就代表他比较愚蠢，学艺不精。在大型交易所，我们往往都能看到这样的招聘广告："诚招助手"。假如求职者果真只带着他们的手而没头没脑地去应聘，那么老板肯定会觉得很失望。所以招聘广告应该写成这样："诚招一名有头脑的员工"。很多工作完全要依赖脑力，比如包工头、策划员和工程师等，这些人之所以可以获得这份工作，恰恰是因为他们可以同时做好体力工作和脑力工作。

工作过程中遇到那些不需要动脑的事情的时候，就可以减少脑力工作。机械化的工作只适合那些不善于思考的人去干。男人和女人都可以做这样的工作，可是也有很多人做不好这样的工作；因为有些人认为这样的工作太枯燥了，有一些人只不过是觉得自己不适合机械化的工作。不管人们从事什么职业，只要可以做得很优秀，在工作的时候就可以获得一些满足感，而且可以养活自己；然而，如果你适合同时做脑力和体力工作，你就可以获得更多的满足感。

很多女人都愿意去做速记、打字和家政等工作，因为这种职业适合女人的大脑和肌肉。她们乐意做一名教师，这是因为她们有一种与孩子亲近的能力。男孩子对一些机械类的玩具很感兴趣，因此世界上庞大而复杂的机器大都是年轻男人来进行操作的。打字机并非是专门为了女人创造的，只是女人做打字员更合适罢了。开车和打字是一样的道理，男人更适合做司机——这两类职业都需要用到脑力。

你现在做的工作所需要的脑力和肌肉怎样才能促进你更好地发展，这一点值得深入探讨。特别简单而不需要运用脑力的职业很罕见，因此很多职业，你只有动脑筋去做，才可能做得更棒。

理想的可贵就在于它可以实现

小孩子最喜欢有人问他，你长大后想做一个怎样的人呢？他们最想做的事情就是"火车驾驶员"或者"消防队队长"。然而，假如你去问那些快要成年的孩子，等他们自己有权利去决定一件事情的时候，他们的回答就会更实际一点。假如你去问那些在职却还是到处找工作的青年男女，他们的答复有个很明显的特点，那就是只有二分之一的人可以准确地表明自己到底要做一个什么样的人。

挑选 100 个人来参与一个实验，这 100 个人对于自己的工作都很有主见，首先让他们表达自己最想做的工作，接着再对他们做一个智力测试，最后，再把每个人的智力和他们想要做的工作加以比较。其中有 44 个人渴望从事的职业正好可以匹配他们的智力；其中有 41 个人的智力特

别适合他们渴望的工作，并且他们的智力足够担任更高级别的岗位；其中有 15 个人的理想超越了他们的智力。假如这些人都可以实现他们的目的，其中又有多少人能幸福而艰辛地工作呢？能力与职业特别匹配，或者能力与职业的需要特别不搭调的人又有多少呢？这些事情都特别难以确定。但是，不匹配的人仍然有很多。

也许那些智商高于岗位需要的人，因为毅力不够或者缺乏进取心，就降低了自己的理想标准。他们担心自己的才能不能匹配更高级别的岗位。出于这种观念，他们到处找工作，不停地变换工作。那些为数不多而又很有野心的人，都是因为以前做过更高级别的工作却失败了，所以他们高估了自己的才能。

生命的缺憾

尽管在正常情况下，身体和心理的健康水平是不相上下的，然而，在很多伟大的人物中，还是可以找到那些身体不好的人。罗马人觉得"健康的心理依赖于健壮的身体"，古希腊人也觉得身体和心理可以协调发展，古希腊那些英勇的人都来自奥林匹克运动会中的杰出人物。

伟人牛顿曾经告诉我们说，苹果落地的原因，以及地球环绕太阳运行的原因，都是因为地球引力，另外他还告诉我们，太阳光是怎样分散开来成为彩虹的，而且还会创造出其他的东西。但是在他刚出生的时候身体特别孱弱，他甚至可以被放在一个"夸脱杯"里，在他越来越大的时候，身体却棒极了，直到最后活了 80 岁。法国著名作家雨果刚刚出生的时候，体质也特别弱，亲人对他的身体状况都感到绝望了，但是他一辈子工作特别努力，并且活得很久。

美国的一位大政治家威伯斯特刚刚出生的时候也非常脆弱，但长大以后就变得身强体壮。从以上的案例中，我们能了解到他们在婴儿时代遭受的很多痛苦，还有他们怎样克服了自身的缺陷。

现代心理学创造了一种全新的解释法：如果你有一种缺憾，这种缺憾就如一种刺激性药物，激发你去打败它。传闻狄摩西尼小的时候说话结巴，这让他决心要克服这种毛病，最后变成了古希腊最出名的演讲家。拜伦跛脚，他特别讨厌这一点，为了弥补这个缺点，最后他成了英国最出名的游泳健将、骑士和诗人。另有罗斯福，他去了西部的野外，克服了身体的残缺，后来成了山野骑马会的健将，成了闻名非洲的猎人，最后还成了举足轻重的美国总统。

对于这样的缺陷，人们普遍称之为自卑情结。假如你愿意想办法去克服这种缺陷，那么你就可以向狄摩西尼、拜伦和罗斯福所生活的道路上看看。假如你为自身的缺点而烦恼和抑郁，那么你的性情就会很孤僻，未来更加坎坷，就会导致最后的失败。

心灵的缺憾比身体的缺憾更让人痛苦难耐。外表的缺憾属于社交性质的障碍，而不是身体上的障碍，破相的人要比跛足的人更加痛苦。也许是因为你觉得你很卑贱，也许是因为你遭受了社会偏见的毒害，让你变得自卑，认为他人对你不公，这只会阻碍你实现自己的人生目标，会让自己很不开心，也就会变得很消极。还有一些小小的缺憾，例如口吃的毛病对人的心灵和社交也会产生很大的消极影响。

此外还有这样一种缺憾，要比身体上的缺憾更让人头疼，它绝大部分是和心理问题以及神经系统有关。譬如，以著作闻名世界的哲学家斯宾塞，他一辈子都生活在疾病中，经常是每工作5分钟就一定要歇息一下才能继续下去，但是他仍然活了很长时间，他用特别好的休养方法清除了很多障碍。伟人达尔文对自己的身体也保养得很小心，与此同时，他还用自己的成就和儿子的成就为世界做了很大的贡献。贝多芬也有身体残疾，他的耳朵聋了，这导致他连自己作的曲子都听不到。德国著名哲学家康德有一个健全的大脑，可是他的身体却很不好；尽管德国诗人海涅的身体受到了酷刑，可是却创作出了永恒的诗歌。

在很多成功人士中能发现他们的身体有缺憾，据我们所知，那些特别成功的人中有身体缺憾的人数更多。他们可以忍受痛苦，竭尽全力，其中有一些人可以真正地克服自身的缺憾，而那些有缺憾的普通人会受到这些伟人的鼓舞。